"十二五"普通高等教育本科国家级规划教材

工程数学

——数学物理方程与特殊函数（第五版）学习指南与习题解答

东南大学数学学院 王元明 编

MATHEMATICS

高等教育出版社·北京

内容提要

本书是与《工程数学——数学物理方程与特殊函数（第五版）》（以下简称教材（第五版））相配套的辅助教材。编者根据“温故、启示、巩固”的原则，除了对读者学习教材（第五版）所需要的基础知识作了系统的复习和适当的延伸以外，还对教材（第五版）中所有的内容、方法及习题进行了点评和启示，并给出习题的详细解答。与其他的教辅书或习题解答不同的是，这些点评和启示是编者多年来从事教学和科研工作的心得，具有独特性。为了帮助读者巩固所学的知识，书中还选择了30个综合复习题，并对每个题都给出了提示和参考答案。

本书可作为理工科各专业学生（含研究生）、教学工作者及工程技术人员的参考书。

图书在版编目(CIP)数据

工程数学.数学物理方程与特殊函数(第五版)学习指南与习题解答／王元明编.--北京:高等教育出版社,2019.10

ISBN 978-7-04-052826-8

Ⅰ.①工… Ⅱ.①王… Ⅲ.①工程数学-高等学校-教学参考资料②数学物理方程-高等学校-教学参考资料③特殊函数-高等学校-教学参考资料 Ⅳ.①TB11

中国版本图书馆CIP数据核字(2019)第224859号

策划编辑 于丽娜　责任编辑 于丽娜　特约编辑 刘 荣　封面设计 赵 阳
版式设计 童 丹　插图绘制 于 博　责任校对 李大鹏　责任印制 刁 毅

出版发行 高等教育出版社
社　　址 北京市西城区德外大街4号
邮政编码 100120
印　　刷 中农印务有限公司
开　　本 787mm×960mm 1/16
印　　张 11.75
字　　数 200千字
购书热线 010-58581118
咨询电话 400-810-0598
网　　址 http://www.hep.edu.cn
http://www.hep.com.cn
网上订购 http://www.hepmall.com.cn
http://www.hepmall.com
http://www.hepmall.cn
版　　次 2019年10月第1版
印　　次 2019年10月第1次印刷
定　　价 23.50元

物 料 号 52826-00

新版前言

《工程数学——数学物理方程与特殊函数(第五版)学习指南与习题解答》是在上一版的基础上作了小的修订而成的。有些话在"第一版前言"与"修订版前言"中都已经说了,不再赘述。在此只想强调两点:

第一,本书的着眼点不是给读者提供习题解答,也不希望读者过于依赖解答。作业是巩固和检验学习知识效果的一个重要环节,只有独立做出一定数量的习题,才能算基本上达到了学习目标。当有的题目实在做不出来时,读者可以先看看我对该题的分析与启示。

第二,与教材相配套的辅导书就应与教材配合使用。凡教材中需要用到、读者也已学过但可能遗忘的知识在本书第一章都能找到;由于篇幅所限,在教材中未能展开讨论的内容,在本书的相关章节也作了补充。为便于读者参阅,请注意教材中的有关脚注。此外对教材中内容的点评也很有新意,并非是简单的重述,每章学完之后再看看这些评述,对进一步领会学过的知识定有帮助。

高等教育出版社高等教育理工出版事业部数学分社的于丽娜、李茜和刘荣三位同志为本书的再版付出了辛勤的劳动,作者在此表示衷心的感谢。

王元明

2019. 6. 5

修订版前言

这本教学辅导书是与我编写的《工程数学——数学物理方程与特殊函数(第四版)》配套使用的。由于该教材已出版修订版(第四版),所以这本辅导书也应作相应修改。这一版与第一版主要差异有以下两点:

第一,由于在教材(第四版)第三章已增加了傅里叶变换与拉普拉斯变换的有关内容,所以本书第一章中的相关内容将被删去。不过为了让读者更深入地理解积分变换的知识,我们把教材(第四版)中没有给出证明的几个理论结果在本书内给出证明,即书中§1.5积分变换中几个理论结果的证明。

第二,本书对教材(第四版)中所有习题作了详细解答。由于在第一版中已经对所有习题都作了释疑与启示,其中有些习题给出的启示已经与解答无异,书中就不再对这部分习题的解答作补充了。

高等教育出版社诸位同志对本书的修改与出版给予了许多帮助和支持,特别是于丽娜和李茜两位同志更是付出了许多辛勤的劳动,作者在此向他们表示衷心的感谢。

王元明

2011.11.28

第一章 基础知识

在第一版前言中我们已经说过,学生之所以感到“数学物理方程与特殊函数”这门课比较难学,原因之一就是它要用到其他数学分支中的一些知识,如常微分方程、积分学、傅里叶分析、复变函数、拉普拉斯变换等.为了便于读者复习,在这一章中我们将对这些知识作一个概要的描述.

§1.1 二阶线性常系数常微分方程

在这一节内,我们将复习二阶线性常微分方程解的结构以及常系数情形解的求法.

1.1.1 二阶线性常微分方程及解的结构

二阶线性常微分方程的一般形式为

$$y''+p(x)y'+q(x)y=r(x), \tag{1.1.1}$$

其中 $p(x)$,$q(x)$,$r(x)$ 是某区间 I 上的已知函数.如果 $r(x)\equiv0$,则称(1.1.1)是齐次的;若 $r(x)\not\equiv0$,则称(1.1.1)为非齐次的.

对于线性齐次方程来说,有一个重要的特性,即若 $y_1(x)$ 与 $y_2(x)$ 都是

$$y''+p(x)y'+q(x)y=0 \tag{1.1.2}$$

的解,则对任意常数 C_1,C_2,函数 $C_1y_1(x)+C_2y_2(x)$ 仍是(1.1.2)的解,这个结果很容易验证.如果 $y_1(x)$ 与 $y_2(x)$ 在 I 上是线性无关的,即在 I 上等式

$$\alpha y_1(x)+\beta y_2(x)\equiv0 \quad (\alpha,\beta \text{ 为常数})$$

仅当 $\alpha=\beta=0$ 时才成立,则 $y(x)=C_1y_1(x)+C_2y_2(x)$ 就是(1.1.2)的通解.所谓通解就是说(1.1.2)的任一个解都可以表示成为这个形式(即 $y_1(x)$ 与 $y_2(x)$ 的一个线性组合).例如方程

$$y''+y=0 \tag{1.1.3}$$

有两个解

$$y_1(x)=\cos x,\quad y_2(x)=\sin x,$$

而且这两解是线性无关的,所以(1.1.3)的通解为

$$y = C_1\cos x + C_2\sin x \quad (C_1, C_2 \text{ 为任意常数}).$$

据上所述,为了求出线性齐次方程(1.1.2)的通解,只要设法找到它的两个线性无关的特解即可.

对于二阶线性非齐次方程(1.1.1)(其中 $r(x)\neq 0$)而言,可以证明下列结论:

若 y_* 是(1.1.1)的一个特解,则它的任一个解 $y(x)$ 都可以表成

$$y(x) = y_*(x) + Y(x), \tag{1.1.4}$$

其中 $Y(x)$ 是对应的齐次方程(1.1.2)的某个解.

事实上,由 $y_*(x)$ 及 $y(x)$ 都是(1.1.1)的解知

$$y''_* + py'_* + qy_* = r,$$
$$y'' + py' + qy = r,$$

两式相减得

$$(y - y_*)'' + p(y - y_*)' + q(y - y_*) = 0.$$

记 $Y = y - y_*$,则 Y 是齐次方程(1.1.2)的解,故 $y=y_*+Y$.

利用这个结果可知,若 Y 是(1.1.2)的通解,则由(1.1.4)所给出的函数 $y(x)$ 必是(1.1.1)的通解,即

非齐次方程的通解

=非齐次方程的一个特解+对应齐次方程的通解. (1.1.5)

这个结果与代数学里线性方程组的理论是一致的.它表明,为了求出二阶线性非齐次方程(1.1.1)的通解,只要先求出它的一个特解,再求出对应的齐次方程的通解.例如考虑方程

$$y'' + y = e^x. \tag{1.1.6}$$

在前面我们已经求出它所对应的齐次方程(1.1.3)的通解为 $C_1\cos x+C_2\sin x$.

另外,我们容易验证(1.1.6)有一个特解 $y_*(x)=\frac{1}{2}e^x$,所以(1.1.6)的通解为

$$y(x) = \frac{1}{2}e^x + C_1\cos x + C_2\sin x,$$

其中 C_1, C_2 是任意常数.

1.1.2 二阶线性常系数齐次方程

在这一段内,我们讨论如何求出线性齐次方程的通解的问题.下面将要说明,当 p,q 是常数时,可以用代数的方法求出(1.1.2)的通解.

假设 $y(x)$ 是(1.1.2)的解,其中 p,q 均为常数,则在 I 内

$$y''(x)+py'(x)+qy(x)\equiv 0,$$

即 y'',py',qy 能够抵消掉.由于 p,q 是常数,故只有当 y,y' 与 y'' 都是同一类型的函数时才能办到.对于什么样的函数,它和它的一阶、二阶导数是同一类型的呢? 指数函数具有这样的特点.

现在令 $y=\mathrm{e}^{kx}$ 是方程

$$y''+py'+qy=0\quad(p,q\text{ 是常数})\tag{1.1.7}$$

的解,将它代入方程得

$$(k^2+pk+q)\mathrm{e}^{kx}\equiv 0.$$

由此可得

$$k^2+pk+q=0,\tag{1.1.8}$$

这是一个一元二次的代数方程,称为(1.1.7)的特征方程,它的两个根是

$$k_1=\frac{-p+\sqrt{p^2-4q}}{2},\quad k_2=\frac{-p-\sqrt{p^2-4q}}{2}.\tag{1.1.9}$$

与它们相对应的两个函数 $y_1(x)=\mathrm{e}^{k_1x}$ 与 $y_2(x)=\mathrm{e}^{k_2x}$ 必是(1.1.7)的解.现在的问题是:这两个函数能否构成(1.1.7)的通解? 或者说,$y_1(x)$ 与 $y_2(x)$ 是否线性无关? 下面分三种情况来说明:

1. $p^2-4q>0$

这时由(1.1.9)所给出的 k_1,k_2 是两个不相等的实根,且

$$\frac{\mathrm{e}^{k_1x}}{\mathrm{e}^{k_2x}}=\mathrm{e}^{(k_1-k_2)x}\neq\text{常数},$$

即 $y_1(x)=\mathrm{e}^{k_1x}$ 与 $y_2(x)=\mathrm{e}^{k_2x}$ 是线性无关的,所以

$$y=C_1\mathrm{e}^{k_1x}+C_2\mathrm{e}^{k_2x}\tag{1.1.10}$$

是(1.1.7)的通解.

2. $p^2-4q<0$

这时 k_1,k_2 是(1.1.8)的一对共轭的复根,设

$$k_1=\alpha+\mathrm{i}\beta,\quad k_2=\alpha-\mathrm{i}\beta,$$

则

$$y_1(x)=\mathrm{e}^{k_1x}=\mathrm{e}^{(\alpha+\mathrm{i}\beta)x}=\mathrm{e}^{\alpha x}(\cos\beta x+\mathrm{i}\sin\beta x)$$

与

$$y_2(x)=\mathrm{e}^{k_2x}=\mathrm{e}^{(\alpha-\mathrm{i}\beta)x}=\mathrm{e}^{\alpha x}(\cos\beta x-\mathrm{i}\sin\beta x)$$

是(1.1.7)的两个线性无关的解.但是它们都是复函数,用起来不太方便,所以我们不利用它们来构造(1.1.7)的通解,而是取它们的线性组合:

$$\hat{y}_1(x)=\frac{1}{2}(\mathrm{e}^{k_1x}+\mathrm{e}^{k_2x})=\mathrm{e}^{\alpha x}\cos\beta x,$$

$$\hat{y}_2(x)=\frac{1}{2\mathrm{i}}(\mathrm{e}^{k_1x}-\mathrm{e}^{k_2x})=\mathrm{e}^{\alpha x}\sin\beta x.$$

由微分方程的线性性可知,$\hat{y}_1(x)$,$\hat{y}_2(x)$也是(1.1.7)的解,而且它们是线性无关的,所以(1.1.7)的通解为

$$y(x)=\mathrm{e}^{\alpha x}(C_1\cos\beta x+C_2\sin\beta x),\tag{1.1.11}$$

其中 C_1,C_2 是任意常数.

3. $p^2-4q=0$

这时 $k_1=k_2$,即(1.1.8)有重根,将这个重根记作 k,则 $y_1(x)=\mathrm{e}^{kx}$ 必是(1.1.7)的一个解.剩下的问题是找一个与 e^{kx} 线性无关的解.为了与 e^{kx} 线性无关,将另一个解表示成 $y=u(x)\mathrm{e}^{kx}$ 的形式,其中 $u(x)$ 是待定的函数,但不能是常数.以 $y=u(x)\mathrm{e}^{kx}$ 代入(1.1.7)得

$$\mathrm{e}^{kx}[u''+(2k+p)u'+(k^2+pk+q)u]=0.$$

利用(1.1.8)和(1.1.9)得

$$u''=0.$$

取 $u(x)=x$,则得到(1.1.7)的另一个解 $y=x\mathrm{e}^{kx}$,这时(1.1.7)的通解为

$$y(x)=(C_1+C_2x)\mathrm{e}^{kx}.\tag{1.1.12}$$

至此,对于二阶线性常系数齐次微分方程来说,其求解问题已获得彻底解决.

例 1.1.1　求 $y''-3y'+2y=0$ 的通解.

解　先写出与这个方程相对应的特征方程

$$k^2-3k+2=0.$$

它有两个相异的实根 $k_1=1,k_2=2$,故所求的通解为

$$y=C_1e^x+C_2e^{2x},$$

其中 C_1,C_2 为任意常数.

例 1.1.2 求解下列初值问题:

$$\begin{cases}y''+2y'+4y=0,\\ y(0)=y'(0)=1.\end{cases}$$

解 先求方程的通解,其特征方程为

$$k^2+2k+4=0,$$

它的两个根为 $k_1=-1+\sqrt{3}\,i,k_2=-1-\sqrt{3}\,i$,所以方程的通解为

$$y=e^{-x}(C_1\cos\sqrt{3}x+C_2\sin\sqrt{3}x).$$

利用初值条件确定 C_1,C_2:

$$1=y(0)=C_1,$$

$$1=y'(0)=-C_1+\sqrt{3}C_2,$$

故 $C_1=1,C_2=\dfrac{2}{\sqrt{3}}=\dfrac{2}{3}\sqrt{3}$,即所求的初值问题的解为

$$y=e^{-x}\left(\cos\sqrt{3}x+\frac{2}{3}\sqrt{3}\sin\sqrt{3}x\right).$$

例 1.1.3 求 $y''-4y'+4y=0$ 的通解.

解 特征方程为

$$k^2-4k+4=0.$$

它有重根 $k=2$,故所求的通解为

$$y=e^{2x}(C_1+C_2x),$$

其中 C_1,C_2 为任意常数.

1.1.3 参数变易法

在这一段内,我们要研究二阶线性常系数非齐次方程

$$y''+py'+qy=r(x) \tag{1.1.13}$$

的解法,其中 p,q 是常数,$r(x)$是某区间 I 上的已知函数,$r(x)\neq 0$.

根据前面的分析,我们只需要求出(1.1.13)的一个特解$y_*(x)$.如何求得这个特解呢?我们从对应的齐次方程的通解出发,通过参数变易法来获得.设齐次方程的通解为

$$y(x)=C_1y_1(x)+C_2y_2(x),\tag{1.1.14}$$

这里的C_1,C_2是任意常数,$y_1(x)$与$y_2(x)$是齐次方程的两个线性无关的解.所谓参数变易法就是设想非齐次方程(1.1.13)有一个形如

$$y_*(x)=C_1(x)y_1(x)+C_2(x)y_2(x)\tag{1.1.15}$$

的解,这里C_1,C_2不再是常数了,而是两个待定的函数,即(1.1.14)中的两个参数已经变易为函数了.下面的任务就是选择$C_1(x)$与$C_2(x)$使(1.1.15)确定的$y_*(x)$是(1.1.13)的一个解.为此,只要把(1.1.15)的$y_*(x)$代入(1.1.13).由(1.1.15)有

$$y'_*(x)=C'_1(x)y_1(x)+C'_2(x)y_2(x)+C_1(x)y'_1(x)+C_2(x)y'_2(x),$$

因为只要求出一个特解,即只要确定一组函数$C_1(x)$与$C_2(x)$,所以我们就有比较大的自由度,可以对$C_1(x)$与$C_2(x)$加一些限制,例如选$C_1(x),C_2(x)$使

$$C'_1(x)y_1(x)+C'_2(x)y_2(x)=0,\tag{1.1.16}$$

这样一来,$y'_*(x)$就简单了,即

$$y'_*(x)=C_1(x)y'_1(x)+C_2(x)y'_2(x).$$

再求二阶导数得

$$y''_*(x)=C'_1(x)y'_1(x)+C'_2(x)y'_2(x)+C_1(x)y''_1(x)+C_2(x)y''_2(x).$$

把y_*,y'_*,y''_*代入(1.1.13)得

$$\begin{aligned}&C'_1(x)y'_1(x)+C'_2(x)y'_2(x)+C_1(x)y''_1(x)+C_2(x)y''_2(x)+\\&p(C_1(x)y'_1(x)+C_2(x)y'_2(x))+q(C_1(x)y_1(x)+\\&C_2(x)y_2(x))=r(x).\end{aligned}$$

再利用$y_1(x),y_2(x)$都是(1.1.7)的解,故上式可简化成

$$C'_1(x)y'_1(x)+C'_2(x)y'_2(x)=r(x).\tag{1.1.17}$$

方程(1.1.16)与(1.1.17)是关于$C'_1(x)$与$C'_2(x)$的线性代数方程组,解这个方程组可得

$$C'_1(x)=\frac{\begin{vmatrix}0 & y_2(x)\\ r(x) & y'_2(x)\end{vmatrix}}{\begin{vmatrix}y_1(x) & y_2(x)\\ y'_1(x) & y'_2(x)\end{vmatrix}},\quad C'_2(x)=\frac{\begin{vmatrix}y_1(x) & 0\\ y'_1(x) & r(x)\end{vmatrix}}{\begin{vmatrix}y_1(x) & y_2(x)\\ y'_1(x) & y'_2(x)\end{vmatrix}}.\tag{1.1.18}$$

再积分一次即可求出 $C_1(x)$ 与 $C_2(x)$.

这里有一点需要说明一下,即(1.1.18)右端分母中的二阶行列式会不会等于零,对于这一点已经有结论了,即当 $y_1(x)$ 与 $y_2(x)$ 线性无关时,这个行列式(称为它们的**朗斯基(Wronsky)行列式**)是处处不为零的.所以(1.1.18)右端有意义.

例 1.1.4 求 $y''+y=\tan x$ 的通解.

解 容易求出对应的齐次方程的通解是

$$y = C_1\cos x + C_2\sin x.$$

用参数变易法,就是要解方程组

$$\begin{cases} C_1'(x)\cos x + C_2'(x)\sin x = 0, \\ -C_1'(x)\sin x + C_2'(x)\cos x = \tan x. \end{cases}$$

由此得

$$C_1'(x) = \begin{vmatrix} 0 & \sin x \\ \tan x & \cos x \end{vmatrix} = -\tan x \cdot \sin x = -\frac{1}{\cos x} + \cos x,$$

$$C_2'(x) = \begin{vmatrix} \cos x & 0 \\ -\sin x & \tan x \end{vmatrix} = \sin x.$$

通过积分得

$$C_1(x) = \sin x - \ln\left|\tan\left(\frac{x}{2}+\frac{\pi}{4}\right)\right|,$$

$$C_2(x) = -\cos x.$$

故所求的通解为

$$\begin{aligned} y &= \left(\sin x - \ln\left|\tan\left(\frac{x}{2}+\frac{\pi}{4}\right)\right|\right)\cos x - \cos x\sin x + \\ &\quad C_1\cos x + C_2\sin x \\ &= -\cos x\ln\left|\tan\left(\frac{x}{2}+\frac{\pi}{4}\right)\right| + C_1\cos x + C_2\sin x, \end{aligned}$$

其中 C_1, C_2 为任意常数.

注 在教材中除了要遇到二阶线性常微分方程以外,还经常要遇到(特别是习题中)一阶线性常微分方程

$$y' + p(x)y = q(x).$$

它的通解也可用参数变易法获得：

$$y = \mathrm{e}^{-\int p(x)\mathrm{d}x}\left[C + \int q(x)\mathrm{e}^{\int p(x)\mathrm{d}x}\mathrm{d}x\right],$$

其中 C 为任意常数.

1.1.4　欧拉方程

在《数学物理方程与特殊函数(第五版)》中还要用到一类特殊二阶线性常微分方程

$$x^2y'' + a_1xy' + a_2y = f(x), \tag{1.1.19}$$

其中 a_1, a_2 为常数.这个方程就是二阶**欧拉(Euler)方程**,它不是常系数的,但其系数很特殊,即二阶导数项的系数是 x^2,一阶导数项的系数是 a_1x,零阶导数项的系数是常数 a_2.

欧拉方程有一个特点,即通过自变量的变换后它可以化为常系数的.事实上,令

$$x = \mathrm{e}^t, \tag{1.1.20}$$

则

$$\frac{\mathrm{d}y}{\mathrm{d}x} = \frac{\mathrm{d}y}{\mathrm{d}t}\frac{\mathrm{d}t}{\mathrm{d}x} = \frac{1}{x}\frac{\mathrm{d}y}{\mathrm{d}t},$$

$$\frac{\mathrm{d}^2y}{\mathrm{d}x^2} = \left(\frac{1}{x}\frac{\mathrm{d}y}{\mathrm{d}t}\right)'_x = -\frac{1}{x^2}\frac{\mathrm{d}y}{\mathrm{d}t} + \frac{1}{x}\frac{\mathrm{d}^2y}{\mathrm{d}t^2}\frac{\mathrm{d}t}{\mathrm{d}x}$$

$$= -\frac{1}{x^2}\frac{\mathrm{d}y}{\mathrm{d}t} + \frac{1}{x^2}\frac{\mathrm{d}^2y}{\mathrm{d}t^2}.$$

代入(1.1.19)得

$$\frac{\mathrm{d}^2y}{\mathrm{d}t^2} + (a_1 - 1)\frac{\mathrm{d}y}{\mathrm{d}t} + a_2y = f(\mathrm{e}^t). \tag{1.1.21}$$

这是一个二阶线性常系数微分方程.假若(1.1.21)的特征方程的根是 k_1, k_2,则与(1.1.21)对应的齐次方程有两个解 $y_1 = \mathrm{e}^{k_1t}, y_2 = \mathrm{e}^{k_2t}$,再通过变量代换(1.1.20)还原为 x,得(1.1.19)的齐次方程有两个解

$$y_1 = x^{k_1}, \quad y_2 = x^{k_2}.$$

如果 $k_1 \neq k_2$ 且都是实数,则二阶齐次欧拉方程

$$x^2y'' + a_1xy' + a_2y = 0$$

的通解为

$$y(x)=C_1x^{k_1}+C_2x^{k_2},$$

其中 C_1,C_2 是任意常数.

当方程(1.1.21)的特征方程的根是其他情况时,读者利用前面的结果也可以把(1.1.19)的齐次方程的通解写出来.

例 1.1.5　求 $x^2y''-2y=\dfrac{1}{x}$的通解.

解　令 $x=\mathrm{e}^t$,则这个方程就变成

$$\frac{\mathrm{d}^2y}{\mathrm{d}t^2}-\frac{\mathrm{d}y}{\mathrm{d}t}-2y=\mathrm{e}^{-t}.\tag{1.1.22}$$

其特征方程为

$$k^2-k-2=0,$$

它有两个实根 $k_1=-1,k_2=2$,因此(1.1.22)的齐次方程的通解为

$$y(t)=C_1\mathrm{e}^{-t}+C_2\mathrm{e}^{2t}.$$

利用参数变易法(或待定系数法)可求得(1.1.22)的一个特解

$$y_*(t)=-\frac{1}{3}t\mathrm{e}^{-t}.$$

所以(1.1.22)的通解为

$$y(t)=-\frac{1}{3}t\mathrm{e}^{-t}+C_1\mathrm{e}^{-t}+C_2\mathrm{e}^{2t},$$

还原为变量 x,可得所求的欧拉方程的通解为

$$y(x)=-\frac{1}{3x}\ln x+C_1\frac{1}{x}+C_2x^2,$$

其中 C_1,C_2 为任意常数.

§1.2　积分学中的一些公式和技巧

在《数学物理方程与特殊函数(第五版)》中应用最多的方法是积分学中的一些重要公式和技巧.在这节内,我们将对这些内容作简要的复习.

1.2.1　分部积分公式

先回顾一下一元函数定积分的分部积分公式,然后再将这个公式推广到

多元函数的情形.

设函数 $u(x)$ 和 $v(x)$ 在区间 $[a,b]$ 上是一次连续可微的,则

$$\int_a^b u'(x)v(x)\mathrm{d}x = u(x)v(x)\Big|_a^b - \int_a^b u(x)v'(x)\mathrm{d}x \tag{1.2.1}$$

或写成

$$\int_a^b v(x)\mathrm{d}u(x) = u(b)v(b) - u(a)v(a) - \int_a^b u(x)\mathrm{d}v(x).$$

特别是,若 $v(x)$ 满足 $v(a)=v(b)=0$ 或 $u(x)$ 满足 $u(a)=u(b)=0$,则有

$$\int_a^b v(x)\mathrm{d}u(x) = -\int_a^b u(x)\mathrm{d}v(x)$$

或

$$\int_a^b u'(x)v(x)\mathrm{d}x = -\int_a^b u(x)v'(x)\mathrm{d}x. \tag{1.2.2}$$

为了把这个公式推广到多元函数,我们先要讲一个特殊的高斯公式,一般情形的高斯公式将在下一节讲.设 Ω 是 $\mathbf{R}^n$ 中的一个区域(开的连通集合),它的边界 $\partial\Omega$ 是分片光滑的,记 $\boldsymbol{x}=(x_1,x_2,\cdots,x_n)$, $\mathrm{d}\boldsymbol{x}=\mathrm{d}x_1\mathrm{d}x_2\cdots\mathrm{d}x_n$.如果 Ω 有界且 $f(\boldsymbol{x})$ 是 $\overline{\Omega}$ 上的一次连续可微函数,即 $f\in C^1(\overline{\Omega})$,则

$$\int_\Omega \frac{\partial f}{\partial x_k}\mathrm{d}\boldsymbol{x} = \int_{\partial\Omega} f n_k \mathrm{d}\sigma, \quad 1\leqslant k\leqslant n, \tag{1.2.3}$$

其中 n_k 是 $\partial\Omega$ 上单位外法向矢量的第 k 个分量(即外法向矢量与 x_k 轴夹角的方向余弦),$\mathrm{d}\sigma$ 是 $\partial\Omega$ 上的面积元素.在这里及后面,为了符号简化,有时将多重积分只用一个积分号表示.

有了(1.2.3)(**特殊的高斯(Gauss)公式**),我们就可以将分部积分公式(1.2.1)推广到多元函数的情形了.设 $u(x),v(x)\in C^1(\overline{\Omega})$,则有

$$\int_\Omega u v_{x_k}\mathrm{d}\boldsymbol{x} = \int_{\partial\Omega} u v n_k \mathrm{d}\sigma - \int_\Omega u_{x_k} v \mathrm{d}\boldsymbol{x}. \tag{1.2.4}$$

要证明这个公式是很容易的,因为

$$(uv)_{x_k} = u v_{x_k} + u_{x_k} v,$$

再利用(1.2.3)即得(1.2.4).

特别是,若 v(或者 u)在 $\partial\Omega$ 上恒等于零,则由(1.2.4)得

$$\int_\Omega u v_{x_k}\mathrm{d}\boldsymbol{x} = -\int_\Omega u_{x_k} v \mathrm{d}\boldsymbol{x}, \quad 1\leqslant k\leqslant n. \tag{1.2.5}$$

公式(1.2.5)还可以推广到高阶导数的情形,设 $k_i \geqslant 0\ (i=1,2,\cdots,n)$ 为整数,$k=k_1+k_2+\cdots+k_n$.若 $u(\boldsymbol{x}),v(\boldsymbol{x}) \in C^k(\overline{\Omega})$,且$v(\boldsymbol{x})$在$\partial\Omega$附近恒等于零,则

$$\int_\Omega u \frac{\partial^k v}{\partial x_1^{k_1}\partial x_2^{k_2}\cdots\partial x_n^{k_n}}\mathrm{d}\boldsymbol{x} = (-1)^k\int_\Omega v \frac{\partial^k u}{\partial x_1^{k_1}\partial x_2^{k_2}\cdots\partial x_n^{k_n}}\mathrm{d}\boldsymbol{x}. \tag{1.2.6}$$

教材第三章讲 δ 函数的弱导数及第七章 §7.2 中讲一般函数的弱导数的定义时就是由公式(1.2.5)出发的.同样,利用(1.2.6)也可以定义一个函数的高阶弱导数.

1.2.2 几个重要的公式

在这一段内,我们将复习积分学中几个重要的公式,其中包括**格林(Green)公式**、**高斯公式**和**斯托克斯(Stokes)公式**,对高斯公式我们还要把它推广到 n 个变元函数的情况.

1. 格林公式

设 $\Omega\subset\mathbf{R}^2$ 是有界区域,其边界$\partial\Omega$是分段光滑的闭曲线,它的方向取正方向(即人沿这个方向行走时,区域总在左侧);函数 $P(x,y)$ 和 $Q(x,y)$ 在$\overline{\Omega}$上连续,在 Ω 内有一阶连续的偏导数,则

$$\int_{\partial\Omega} P\mathrm{d}x + Q\mathrm{d}y = \iint_\Omega \left(\frac{\partial Q}{\partial x} - \frac{\partial P}{\partial y}\right)\mathrm{d}x\mathrm{d}y. \tag{1.2.7}$$

这个公式给出了平面区域上的重积分和沿该区域边界的第二类曲线积分之间的关系.为了便于记忆,我们引入下列符号行列式

$$\begin{vmatrix} \dfrac{\partial}{\partial x} & \dfrac{\partial}{\partial y} \\ P & Q \end{vmatrix},$$

在这里我们规定$\dfrac{\partial}{\partial x}$与 Q 的"乘积"为$\dfrac{\partial Q}{\partial x}$,$\dfrac{\partial}{\partial y}$与 P 的"乘积"为$\dfrac{\partial P}{\partial y}$.利用这个行列式,(1.2.7)可写成

$$\int_{\partial\Omega} P\mathrm{d}x + Q\mathrm{d}y = \iint_\Omega \begin{vmatrix} \dfrac{\partial}{\partial x} & \dfrac{\partial}{\partial y} \\ P & Q \end{vmatrix}\mathrm{d}x\mathrm{d}y. \tag{1.2.8}$$

格林公式还可以写成另一种形式,即

$$\int_{\partial\Omega}(P\cos\alpha+Q\cos\beta)\,\mathrm{d}s=\iint_{\Omega}\left(\frac{\partial P}{\partial x}+\frac{\partial Q}{\partial y}\right)\mathrm{d}x\mathrm{d}y,$$

其中$(\cos\alpha,\cos\beta)$是曲线$\partial\Omega$的单位外法向矢量.

例 1.2.1 设Γ是分段光滑的闭曲线,其正方向是逆时针的,$(0,0)\notin\Gamma$,求

$$\int_{\Gamma}\frac{x\mathrm{d}y-y\mathrm{d}x}{x^2+y^2}.$$

解 (1) 如果$(0,0)$不在Γ所围成的区域Ω内,这时$P=-\dfrac{y}{x^2+y^2}$,$Q=\dfrac{x}{x^2+y^2}$在Ω内是一次连续可微的,由格林公式得

$$\int_{\Gamma}\frac{x\mathrm{d}y-y\mathrm{d}x}{x^2+y^2}=\iint_{\Omega}\begin{vmatrix}\dfrac{\partial}{\partial x} & \dfrac{\partial}{\partial y}\\ \dfrac{-y}{x^2+y^2} & \dfrac{x}{x^2+y^2}\end{vmatrix}\mathrm{d}x\mathrm{d}y=0.$$

(2) 如果$(0,0)$在Γ所围成的区域内,这时

$$\frac{\partial Q}{\partial x}=\frac{\partial}{\partial x}\left(\frac{x}{x^2+y^2}\right)=\frac{y^2-x^2}{(x^2+y^2)^2},$$

$$\frac{\partial P}{\partial y}=-\frac{\partial}{\partial y}\left(\frac{y}{x^2+y^2}\right)=\frac{y^2-x^2}{(x^2+y^2)^2}$$

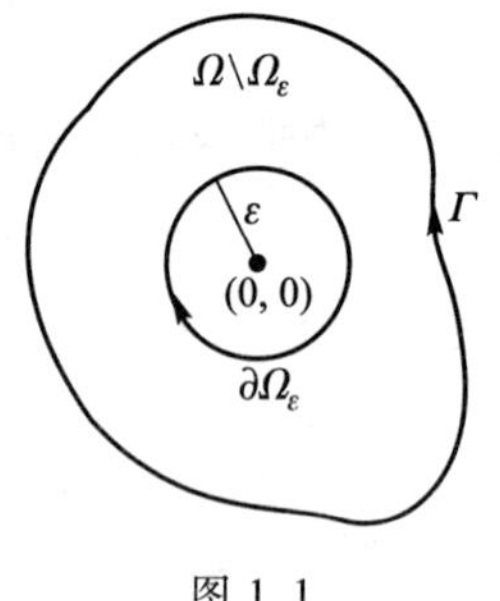

图 1.1

在Ω内有奇点$(0,0)$,故不能直接应用格林公式.为了避免奇性,我们先作一个以$(0,0)$为圆心、以ε为半径的小圆Ω_ε把奇点包住(如图 1.1),在$\Omega\backslash\Omega_\varepsilon$内利用格林公式,然后再令$\varepsilon\to0$,这里要注意的是:$\partial\Omega_\varepsilon$上的方向是顺时针方向,沿着这个方向才能使$\Omega\backslash\Omega_\varepsilon$在左侧.

由格林公式得

$$\int_{\Gamma\cup\partial\Omega_\varepsilon}\frac{x\mathrm{d}y-y\mathrm{d}x}{x^2+y^2}=\iint_{\Omega\backslash\Omega_\varepsilon}\left[\frac{\partial}{\partial x}\left(\frac{x}{x^2+y^2}\right)+\frac{\partial}{\partial y}\left(\frac{y}{x^2+y^2}\right)\right]\mathrm{d}x\mathrm{d}y=0,$$

即

$$\int_{\Gamma}\frac{x\mathrm{d}y-y\mathrm{d}x}{x^2+y^2}=-\int_{\partial\Omega_\varepsilon}\frac{x\mathrm{d}y-y\mathrm{d}x}{x^2+y^2}.$$

把右端积分写成极坐标的形式得

$$\int_{\Gamma}\frac{x\mathrm{d}y-y\mathrm{d}x}{x^2+y^2}=\int_0^{2\pi}\frac{1}{\varepsilon^2}(\varepsilon^2\cos^2\theta+\varepsilon^2\sin^2\theta)\mathrm{d}\theta=2\pi.$$

综合上述两种情况得

$$\int_{\Gamma}\frac{x\mathrm{d}y-y\mathrm{d}x}{x^2+y^2}=\begin{cases}2\pi, & (0,0)\in\Omega,\\ 0, & (0,0)\notin\Omega.\end{cases}$$

2. 高斯公式与散度

高斯公式又称为**奥斯特罗格拉茨基-高斯(Ostrogradskiĭ-Gauss)公式**,有时也叫散度定理,它是格林公式的一种推广.我们先讲三维的情形,然后再推广到高维.

设 $\Omega\subset\mathbf{R}^3$ 是由分片光滑的闭曲面所围成的区域,取边界 $\partial\Omega$ 的外侧;$P(x,y,z),Q(x,y,z),R(x,y,z)$都是在$\overline{\Omega}$上连续、在 Ω 内一次连续可微的函数,则

$$\iint_{\partial\Omega}P\mathrm{d}y\mathrm{d}z+Q\mathrm{d}z\mathrm{d}x+R\mathrm{d}x\mathrm{d}y=\iiint_{\Omega}\left(\frac{\partial P}{\partial x}+\frac{\partial Q}{\partial y}+\frac{\partial R}{\partial z}\right)\mathrm{d}x\mathrm{d}y\mathrm{d}z.\qquad(1.2.9)$$

这个公式也可以写成如下形式:

$$\iint_{\partial\Omega}(P\cos\alpha+Q\cos\beta+R\cos\gamma)\mathrm{d}S$$

$$=\iiint_{\Omega}\left(\frac{\partial P}{\partial x}+\frac{\partial Q}{\partial y}+\frac{\partial R}{\partial z}\right)\mathrm{d}x\mathrm{d}y\mathrm{d}z,\qquad(1.2.10)$$

其中$(\cos\alpha,\cos\beta,\cos\gamma)$是$\partial\Omega$ 上在点(x,y,z)处的外法向单位矢量 $\boldsymbol{n}$,$\mathrm{d}S$ 是面积元素.

例 1.2.2　计算 $\iint_{\Sigma}x^2\mathrm{d}y\mathrm{d}z+2xy\mathrm{d}z\mathrm{d}x+2xz\mathrm{d}x\mathrm{d}y$,其中 Σ 是单位球面的外侧.

解　取 $P=x^2,Q=2xy,R=2xz$,利用(1.2.9)得

$$\iint_{\Sigma}x^2\mathrm{d}y\mathrm{d}z+2xy\mathrm{d}z\mathrm{d}x+2xz\mathrm{d}x\mathrm{d}y$$

$$=\iiint_{\Omega}\left[\frac{\partial}{\partial x}(x^2)+\frac{\partial}{\partial y}(2xy)+\frac{\partial}{\partial z}(2xz)\right]\mathrm{d}x\mathrm{d}y\mathrm{d}z$$

$$=\iiint_{\Omega}6x\mathrm{d}x\mathrm{d}y\mathrm{d}z.$$

下面利用球面坐标来计算右端的积分,即令

$$\begin{cases} x = r\sin\theta\cos\varphi, \\ y = r\sin\theta\sin\varphi, \\ z = r\cos\theta, \end{cases}$$

其中 $0\leqslant\theta\leqslant\pi, 0\leqslant\varphi\leqslant 2\pi, 0\leqslant r\leqslant 1$,则

$$\mathrm{d}x\mathrm{d}y\mathrm{d}z = r^2\sin\theta\mathrm{d}r\mathrm{d}\theta\mathrm{d}\varphi.$$

代入上式得

$$\begin{aligned} &\iint_{\Sigma} x^2\mathrm{d}y\mathrm{d}z + 2xy\mathrm{d}z\mathrm{d}x + 2xz\mathrm{d}x\mathrm{d}y \\ &= 6\int_0^1\int_0^{2\pi}\int_0^{\pi} r\sin\theta\cos\varphi \cdot r^2\sin\theta\mathrm{d}r\mathrm{d}\varphi\mathrm{d}\theta \\ &= 6\int_0^1 r^3\mathrm{d}r\int_0^{2\pi}\cos\varphi\mathrm{d}\varphi\int_0^{\pi}\sin^2\theta\mathrm{d}\theta = 0. \end{aligned}$$

为了把公式(1.2.10)写成更简洁的形式,我们引进一个概念.以 $P(x,y,z)$, $Q(x,y,z)$, $R(x,y,z)$ 作为一个矢量函数 $\boldsymbol{A}(x,y,z)$ 的三个分量,即

$$\boldsymbol{A} = (P,Q,R).$$

我们称 $\frac{\partial P}{\partial x}+\frac{\partial Q}{\partial y}+\frac{\partial R}{\partial z}$ 为矢量函数 $\boldsymbol{A}$ 的**散度**,记作 $\operatorname{div}\boldsymbol{A}$,即

$$\operatorname{div}\boldsymbol{A} = \frac{\partial P}{\partial x}+\frac{\partial Q}{\partial y}+\frac{\partial R}{\partial z}.$$

利用矢量 $\boldsymbol{A}$,(1.2.10)左端积分中的被积函数为 $\boldsymbol{A}\cdot\boldsymbol{n}$,于是(1.2.10)可写成

$$\iint_{\partial\Omega}\boldsymbol{A}\cdot\boldsymbol{n}\mathrm{d}S = \iiint_{\Omega}\operatorname{div}\boldsymbol{A}\mathrm{d}V, \tag{1.2.11}$$

其中 $\mathrm{d}V=\mathrm{d}x\mathrm{d}y\mathrm{d}z$ 为三维空间的体积元素.

公式(1.2.11)可以推广到高维空间的情况.设 $\Omega\subset\mathbf{R}^n$ 是由分片光滑的闭曲面所围成的区域,$\boldsymbol{x}=(x_1,x_2,\cdots,x_n)$,矢量函数 $\boldsymbol{A}(\boldsymbol{x})=(A_1(\boldsymbol{x}),A_2(\boldsymbol{x}),\cdots,A_n(\boldsymbol{x}))$,其中 $A_i(\boldsymbol{x})$ $(i=1,2,\cdots,n)$ 在 $\overline{\Omega}$ 上连续、在 Ω 内是一次连续可微的,则有

$$\int_{\partial\Omega}\boldsymbol{A}\cdot\boldsymbol{n}\mathrm{d}\sigma = \int_{\Omega}\operatorname{div}\boldsymbol{A}\mathrm{d}\boldsymbol{x}. \tag{1.2.12}$$

在(1.2.12)中若令 $A_i=0$ $(i\neq k)$,将 A_k 记成 f 即得(1.2.3).

3. 斯托克斯公式与旋度

这里再讲格林公式在三维空间中的另一种推广形式,即斯托克斯公式.为

了讲清这个公式,先要对曲面 Σ 作一些限制.若曲面 Σ 在 xOy 平面(或 yOz 平面或 zOx 平面)上的投影是由一光滑的、无重点的闭曲线围成的区域 D,并且 Σ 的方程可写成

$$z=f(x,y),\quad (x,y)\in D$$

(或 $x=f(y,z),(y,z)\in D$ 或 $y=f(x,z),(x,z)\in D$)的形式,其中 $f(x,y)$ 在 D 上具有连续的二阶偏导数,则称 Σ 是正规曲面.

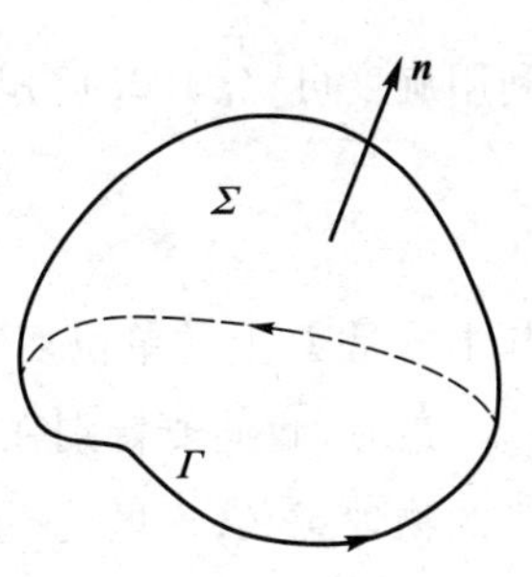

图 1.2

如果 Σ 是正规曲面,确定 Σ 一侧的法矢量 $\boldsymbol{n}$,并确定 Σ 的边界 Γ 的方向,使它们构成右手螺旋系(如图 1.2);$P(x,y,z),Q(x,y,z),R(x,y,z)$ 在包含 Σ 的某个三维区域内有连续的偏导数,则

$$\int_\Gamma P\mathrm{d}x+Q\mathrm{d}y+R\mathrm{d}z=\iint_\Sigma\left[\left(\frac{\partial R}{\partial y}-\frac{\partial Q}{\partial z}\right)\cos\alpha+\left(\frac{\partial P}{\partial z}-\frac{\partial R}{\partial x}\right)\cos\beta+\left(\frac{\partial Q}{\partial x}-\frac{\partial P}{\partial y}\right)\cos\gamma\right]\mathrm{d}S,\tag{1.2.13}$$

其中 $(\cos\alpha,\cos\beta,\cos\gamma)=\boldsymbol{n}$(单位法矢量).这个式子就称为**斯托克斯公式**.如果 Σ 在 xOy 平面上,且 $R\equiv0$,则(1.2.13)就变成格林公式.

和高斯公式一样,为了把(1.2.13)写成一个简洁的形式,我们来引进矢量函数的旋度概念.以 $P(x,y,z),Q(x,y,z),R(x,y,z)$ 作为一个矢量函数 $\boldsymbol{A}(x,y,z)$ 的三个分量,即

$$\boldsymbol{A}(x,y,z)=P(x,y,z)\boldsymbol{i}+Q(x,y,z)\boldsymbol{j}+R(x,y,z)\boldsymbol{k}.$$

称

$$\left(\frac{\partial R}{\partial y}-\frac{\partial Q}{\partial z}\right)\boldsymbol{i}+\left(\frac{\partial P}{\partial z}-\frac{\partial R}{\partial x}\right)\boldsymbol{j}+\left(\frac{\partial Q}{\partial x}-\frac{\partial P}{\partial y}\right)\boldsymbol{k}\tag{1.2.14}$$

为 $\boldsymbol{A}$ 的**旋度**,记成 $\mathbf{rot}\,\boldsymbol{A}$,即

$$\mathbf{rot}\,\boldsymbol{A}=\left(\frac{\partial R}{\partial y}-\frac{\partial Q}{\partial z},\frac{\partial P}{\partial z}-\frac{\partial R}{\partial x},\frac{\partial Q}{\partial x}-\frac{\partial P}{\partial y}\right).$$

为了便于记忆,我们将(1.2.14)记成

$$\begin{vmatrix} \boldsymbol{i} & \boldsymbol{j} & \boldsymbol{k} \\ \dfrac{\partial}{\partial x} & \dfrac{\partial}{\partial y} & \dfrac{\partial}{\partial z} \\ P & Q & R \end{vmatrix}.$$

利用旋度可将(1.2.13)写成

$$\int_{\Gamma} \boldsymbol{A} \cdot \boldsymbol{\tau} \mathrm{d}l = \iint_{\Sigma} \mathbf{rot}\, \boldsymbol{A} \cdot \boldsymbol{n} \mathrm{d}S, \tag{1.2.15}$$

其中 $\boldsymbol{\tau}$ 是 Γ 上的单位切矢量,$\mathrm{d}l$ 是 Γ 上的弧微分.

最后,我们要特别强调的是矢量函数(也称矢量场)的散度和旋度都有明确的物理意义,这里就不再赘述了.

注 如果利用**德尔(Del)算子** $\nabla=\dfrac{\partial}{\partial x}\boldsymbol{i}+\dfrac{\partial}{\partial y}\boldsymbol{j}+\dfrac{\partial}{\partial z}\boldsymbol{k}$,则矢量函数 $\boldsymbol{A}=(P,Q,R)$ 的散度和旋度分别可表示为 $\mathrm{div}\,\boldsymbol{A}=\nabla\cdot\boldsymbol{A}$,$\mathbf{rot}\,\boldsymbol{A}=\nabla\times\boldsymbol{A}$.

§1.3 傅里叶级数

傅里叶(Fourier)分析是研究数学物理方程的一个重要的工具.在这一节内,我们重点地复习傅里叶级数与傅里叶积分.

1.3.1 三角函数系的正交性与傅里叶展开

在这一段内,我们要讲怎样把一个以 2π 为周期的周期函数表示为三角函数的级数.为此,先要讲清三角函数系

$$\{1,\cos x,\sin x,\cos 2x,\sin 2x,\cdots,\cos nx,\sin nx,\cdots\} \tag{1.3.1}$$

在长度为 2π 的区间内(例如$[-\pi,\pi]$或$[0,2\pi]$)的正交性,即容易验证

$$\int_{-\pi}^{\pi} 1\cdot\cos nx\mathrm{d}x=\int_{-\pi}^{\pi} 1\cdot\sin nx\mathrm{d}x=0,\quad n=1,2,\cdots,$$

$$\begin{aligned}\int_{-\pi}^{\pi}\cos nx\cdot\sin mx\mathrm{d}x&=\int_{-\pi}^{\pi}\cos nx\cdot\cos mx\mathrm{d}x\\&=\int_{-\pi}^{\pi}\sin nx\cdot\sin mx\mathrm{d}x=0,\quad n\neq m.\end{aligned}$$

这就是说三角函数系(1.3.1)中任意两个不相同的元素的乘积在$[-\pi,\pi]$上的积分都等于零,如果把(1.3.1)中每一个函数都看成有无穷多个分量(无穷多个

值)的矢量,则上述这些积分为零就意味着任意两个矢量的内积(数量积)为零,即两者互相正交.既然(1.3.1)中任意两个元素都正交,所以(1.3.1)是一个正交的函数系.

我们再来计算一下(1.3.1)中每个函数的平方(即自己与自己相乘)的积分等于多少.显然有

$$\int_{-\pi}^{\pi} 1^2 \mathrm{d}x = 2\pi, \quad \int_{-\pi}^{\pi} \cos^2 nx \mathrm{d}x = \int_{-\pi}^{\pi} \sin^2 nx \mathrm{d}x = \pi, n = 1,2,\cdots.$$

因此,下列函数系

$$\left\{\frac{1}{\sqrt{2\pi}}, \frac{1}{\sqrt{\pi}}\cos x, \frac{1}{\sqrt{\pi}}\sin x, \cdots, \frac{1}{\sqrt{\pi}}\cos nx, \frac{1}{\sqrt{\pi}}\sin nx, \cdots\right\} \tag{1.3.2}$$

是一个标准正交系,这里所谓的"标准"就是指每个元素的"长度"(即自身平方的积分的算术平方根)都等于1.

假设$f(x)$是$[-\pi,\pi)$上可积的且以2π为周期的函数,现在的问题是:

第一,$f(x)$能不能表示成由(1.3.1)或(1.3.2)中的函数所组成的级数,即能否有

$$f(x) = A_0 + \sum_{n=1}^{\infty}(A_n \cos nx + B_n \sin nx). \tag{1.3.3}$$

第二,如果$f(x)$能表示成(1.3.3)的形式,那么如何实现这件事,即怎样确定右端级数中的系数?

在这一节内,我们来回答第二个问题.为了下面的表达式统一起见,我们把(1.3.3)写成

$$f(x) = \frac{a_0}{2} + \sum_{n=1}^{\infty}(a_n \cos nx + b_n \sin nx) \tag{1.3.4}$$

的形式.假设上式右端的级数是可以逐项积分的(读者想想应当加上什么条件可以保证这样做),两边对x在$[-\pi,\pi]$上积分并利用三角函数系的正交性可得

$$\int_{-\pi}^{\pi} f(x)\mathrm{d}x = a_0\pi,$$

即

$$a_0 = \frac{1}{\pi}\int_{-\pi}^{\pi} f(x)\mathrm{d}x, \tag{1.3.5}$$

再在(1.3.4)的两端分别乘$\cos mx$及$\sin mx$后对x积分并利用正交性得

$$\int_{-\pi}^{\pi} f(x)\cos mx\mathrm{d}x = a_m\int_{-\pi}^{\pi}\cos^2 mx\mathrm{d}x = \pi a_m,$$

$$\int_{-\pi}^{\pi} f(x)\sin mx\mathrm{d}x = b_m\int_{-\pi}^{\pi}\sin^2 mx\mathrm{d}x = \pi b_m,$$

即

$$a_m = \frac{1}{\pi}\int_{-\pi}^{\pi} f(x)\cos mx\mathrm{d}x, \tag{1.3.6}$$

$$b_m = \frac{1}{\pi}\int_{-\pi}^{\pi} f(x)\sin mx\mathrm{d}x,\quad m = 1,2,\cdots. \tag{1.3.7}$$

将(1.3.5)与(1.3.6)合并起来,并把下标 m 仍换成 n,即得

$$\begin{aligned} a_n &= \frac{1}{\pi}\int_{-\pi}^{\pi} f(x)\cos nx\mathrm{d}x,\quad n = 0,1,2,\cdots,\\ b_n &= \frac{1}{\pi}\int_{-\pi}^{\pi} f(x)\sin nx\mathrm{d}x,\quad n = 1,2,\cdots. \end{aligned} \tag{1.3.8}$$

由(1.3.8)所确定的系数 a_n,b_n 称为 $f(x)$ 的**傅里叶系数**,将这些系数代入(1.3.4)右端得到三角级数

$$\frac{a_0}{2} + \sum_{n=1}^{\infty}(a_n\cos nx + b_n\sin nx),$$

称为 $f(x)$ 的**傅里叶级数**,记作

$$f(x) \sim \frac{a_0}{2} + \sum_{n=1}^{\infty}(a_n\cos nx + b_n\sin nx). \tag{1.3.9}$$

上面的推导都只是形式的,即假定 $f(x)$ 可以表示成(1.3.4)的形式,(1.3.8)中的积分都存在,并且可以逐项积分.至于在什么条件下这些要求都能被满足,将在下一小节内再说明.

例 1.3.1　设

$$f(x) = |x|,\quad x\in[-\pi,\pi),$$

且 $f(x)$ 是以 2π 为周期的(如图 1.3),求 $f(x)$ 的傅里叶级数.

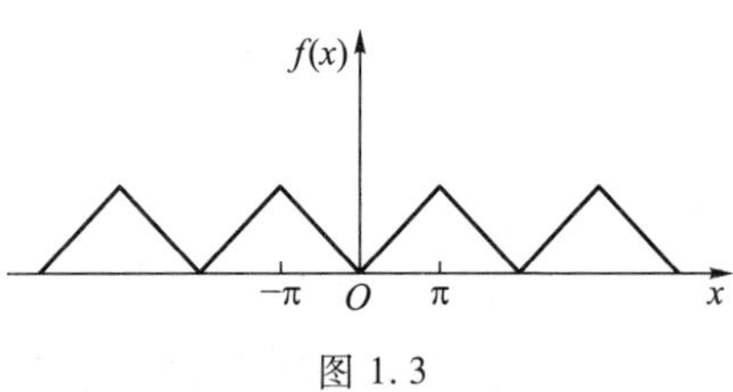

图 1.3

解　这个函数是偶函数,而 $\sin nx$ 是奇函数,所以 $f(x)\sin nx$ 是奇函数,故

$$b_n = 0,\quad n = 1,2,\cdots,$$

$$a_0 = \frac{1}{\pi}\int_{-\pi}^{\pi} f(x)\,\mathrm{d}x = \frac{2}{\pi}\int_0^{\pi} |x|\,\mathrm{d}x = \frac{2}{\pi}\int_0^{\pi} x\,\mathrm{d}x = \pi,$$

$$a_n = \frac{1}{\pi}\int_{-\pi}^{\pi} |x|\cos nx\,\mathrm{d}x = \frac{2}{\pi}\int_0^{\pi} x\cos nx\,\mathrm{d}x.$$

利用分部积分法可得

$$a_n = \frac{2}{\pi n^2}\cos nx\Big|_0^{\pi} = \frac{2}{\pi n^2}(\cos n\pi - 1) = \frac{2}{\pi n^2}[(-1)^n - 1]$$

$$= \begin{cases} 0, & n = 2k, \\ -\dfrac{4}{(2k-1)^2\pi}, & n = 2k-1,\quad k = 1,2,\cdots, \end{cases}$$

于是

$$f(x) \sim \frac{\pi}{2} - \frac{4}{\pi}\sum_{k=1}^{\infty}\frac{1}{(2k-1)^2}\cos(2k-1)x.$$

1.3.2 傅里叶级数的收敛性

在这一小节内，我们将回答上一小节中所提出的第一个问题，即一个函数能否表示成三角级数（1.3.4）的形式，或者说一个函数 $f(x)$ 的傅里叶级数是否一定收敛？如果收敛，其和是否就是 $f(x)$. 要回答这个问题，当然对函数 $f(x)$ 要加上一些条件，这样的条件有多种，在这里我们要介绍比较一般的情况.

如果给定在 $(-\pi,\pi)$ 内的函数 $f(x)$ 满足下面的条件：

（1）在这个区间内或者连续，或者有有限个第一类间断点；

（2）在这个区间上有有限多个极大值与极小值，

则称 $f(x)$ 在 $(-\pi,\pi)$ 内满足**狄利克雷（Dirichlet）条件**.

傅里叶级数收敛性定理：若给定在区间 $(-\pi,\pi)$ 内的函数 $f(x)$ 在这个区间内满足狄利克雷条件，则其傅里叶级数在 $[-\pi,\pi]$ 上一定收敛，且其和函数

（1）在 $f(x)$ 的所有连续点 x 处等于 $f(x)$；

（2）在 $f(x)$ 所有的间断点 x 处等于

$$\frac{f(x+0)+f(x-0)}{2};$$

(3) 在这个区间的端点,即 $x=\pm\pi$ 处等于

$$\frac{f(-\pi+0)+f(\pi-0)}{2},$$

这里 $f(x-0)$ 与 $f(x+0)$ 分别表示 $f(x)$ 在点 x 处的左极限和右极限.

除了收敛性以外,还可以证明当 $|f(x)|$ 在 $[-\pi,\pi]$ 上可积并且 $f(x)$ 在比 $[-\pi,\pi]$ 更宽的任一区间上是连续的分段单调函数时,其傅里叶级数是一致收敛的,因此总是可以逐项积分的,上一小节内求傅里叶系数的运算是合理的.

1.3.3　两种推广

在前两节,我们讲了一个以 2π 为周期的周期函数展开成傅里叶级数的两个基本问题.现在来把这些结果作两种推广,一种是推广到以 $2l$ 为周期的情形,另一种是只定义在 $[0,\pi]$ 或 $[0,l]$ 上的情形.

1. 有限区间上函数的傅里叶级数

现在我们考虑定义在 $[-l,l)$ 上的可积函数 $f(x)$,可通过一个简单的自变量的线性变换将长度为 $2l$(即任意有限长度)的区间变成长度为 2π 的区间,再利用前面的结果即可得到 $f(x)$ 的傅里叶级数展开.具体做法是令

$$t=\frac{\pi}{l}x,\quad g(t)=f\left(\frac{l}{\pi}t\right), \tag{1.3.10}$$

则 $g(t)$ 就是定义在 $[-\pi,\pi)$ 上的可积函数.设它的傅里叶级数是

$$g(t)\sim\frac{a_0}{2}+\sum_{n=1}^{\infty}(a_n\cos nt+b_n\sin nt), \tag{1.3.11}$$

其中

$$\begin{aligned} a_n&=\frac{1}{\pi}\int_{-\pi}^{\pi}g(t)\cos nt\mathrm{d}t=\frac{1}{l}\int_{-l}^{l}f(x)\cos\frac{n\pi}{l}x\mathrm{d}x,\quad n=0,1,2,\cdots,\\ b_n&=\frac{1}{\pi}\int_{-\pi}^{\pi}g(t)\sin nt\mathrm{d}t=\frac{1}{l}\int_{-l}^{l}f(x)\sin\frac{n\pi}{l}x\mathrm{d}x,\quad n=1,2,\cdots. \end{aligned} \tag{1.3.12}$$

把自变量还原为 x,得 $f(x)$ 的傅里叶级数为

$$f(x)\sim\frac{a_0}{2}+\sum_{n=1}^{\infty}\left(a_n\cos\frac{n\pi}{l}x+b_n\sin\frac{n\pi}{l}x\right), \tag{1.3.13}$$

其中系数 a_n,b_n 由(1.3.12)最右端的表达式给出.

如果 $f(x)$ 在 $(-l,l)$ 内满足收敛性定理中的狄利克雷条件,则 $g(t)$ 在

$(-\pi,\pi)$ 内也满足这个条件，并且它们的连续点和间断点都是通过(1.3.10)相对应的，因此有

$$\frac{a_0}{2}+\sum_{n=1}^{\infty}\left(a_n\cos\frac{n\pi}{l}x+b_n\sin\frac{n\pi}{l}x\right)$$

$$=\begin{cases}f(x), & \text{在 } f \text{ 的连续点},\\ \dfrac{f(x-0)+f(x+0)}{2}, & \text{在 } f \text{ 的间断点},\\ \dfrac{f(-l+0)+f(l-0)}{2}, & x=\pm l.\end{cases}$$

例 1.3.2 设 $f(x)$ 是以 4 为周期的函数，且

$$f(x)=\begin{cases}0, & -2\leqslant x<0,\\ x, & 0\leqslant x<2,\end{cases}$$

将 f 展开成傅里叶级数.

解 这时 $l=2$，

$$a_0=\frac{1}{2}\int_{-2}^{2}f(x)\,\mathrm{d}x=\frac{1}{2}\int_0^2 x\,\mathrm{d}x=1,$$

$$a_n=\frac{1}{2}\int_{-2}^{2}f(x)\cos\frac{n\pi}{2}x\,\mathrm{d}x=\frac{1}{2}\int_0^2 x\cos\frac{n\pi}{2}x\,\mathrm{d}x$$

$$=\frac{1}{2}\left[\frac{2}{n\pi}x\sin\frac{n\pi}{2}x+\frac{4}{n^2\pi^2}\cos\frac{n\pi}{2}x\right]\Bigg|_0^2$$

$$=\frac{2}{n^2\pi^2}[(-1)^n-1],$$

$$b_n=\frac{1}{2}\int_{-2}^{2}f(x)\sin\frac{n\pi}{2}x\,\mathrm{d}x=\frac{1}{2}\int_0^2 x\sin\frac{n\pi}{2}x\,\mathrm{d}x$$

$$=\frac{1}{2}\left[-\frac{2}{n\pi}x\cos\frac{n\pi}{2}x+\frac{4}{n^2\pi^2}\sin\frac{n\pi}{2}x\right]\Bigg|_0^2$$

$$=\frac{2}{n\pi}(-1)^{n+1}.$$

所以

$$\frac{1}{2}+\sum_{n=1}^{\infty}\left\{\frac{2}{n^2\pi^2}[(-1)^n-1]\cos\frac{n\pi}{2}x+\frac{2}{n\pi}(-1)^{n+1}\sin\frac{n\pi}{2}x\right\}$$

$$=\begin{cases}f(x), & x\neq\pm 2,\ \pm 6,\cdots,\\ 1, & x=\pm 2,\ \pm 6,\cdots.\end{cases}$$

2. 正弦级数与余弦级数

从傅里叶系数的表达式(1.3.8)来看,如果$f(x)$在$[-\pi,\pi]$上是奇函数(即满足$f(-x)=-f(x)$),由于$\sin nx$在$[-\pi,\pi]$上是奇函数,$\cos nx$在$[-\pi,\pi]$上是偶函数,所以$f(x)\sin nx$是偶函数,$f(x)\cos nx$是奇函数,从而$a_n=0(n=0,1,2,\cdots)$;类似地,如果$f(x)$在$[-\pi,\pi]$上是偶函数(即$f(-x)=f(x)$),则$b_n=0(n=1,2,\cdots)$.这就是说,当$f(x)$是奇函数时,它的傅里叶级数中只含有正弦函数项;当$f(x)$是偶函数时,它的傅里叶级数中只含有余弦函数项.

在数学物理方程中常常要把一个只定义在$[0,\pi]$(或$[0,l]$)上的函数f展成三角级数.怎么展开?我们先把它延拓到$[-\pi,0)$(或$[-l,0)$)上,然后再将延拓过的函数F以2π或$2l$为周期延拓到整个数轴上,利用前面的方法求出F的傅里叶展开,这个展开式在$[0,\pi]$(或$[0,l]$)上的限制就是f的三角级数展开.从理论上讲,把函数f延拓到$[-\pi,0)$(或$[-l,0)$)上有无穷多种方式,但最常用的是两种,一种是偶延拓,一种是奇延拓.所谓偶延拓,就是在$[-\pi,\pi]$(或$[-l,l]$)上定义一个新函数$F(x)$为

$$F(x)=\begin{cases}f(x), & x\in[0,\pi](\text{或 } x\in[0,l]),\\ f(-x), & x\in[-\pi,0)(\text{或 } x\in[-l,0)).\end{cases}$$

所谓奇延拓就是在$[-\pi,\pi]$(或$[-l,l]$)上定义新函数$F(x)$为

$$F(x)=\begin{cases}f(x), & x\in[0,\pi](\text{或}[0,l]),\\ -f(-x), & x\in[-\pi,0)(\text{或}[-l,0)).\end{cases}$$

在偶延拓情形,$f(x)$在$[0,\pi]$(或$[0,l]$)上的三角级数展开式是余弦级数;在奇延拓情形,$f(x)$在$[0,\pi]$(或$[0,l]$)上的三角级数展开式是正弦级数.或者说,一个只定义在$[0,\pi]$(或$[0,l]$)上的函数既可以展成正弦级数,也可以展成余弦级数.

例 1.3.3　将$f(x)=\cos x$在$[0,\pi]$上展成正弦级数.

解　要把$f(x)$在$[0,\pi]$上展成正弦级数,就意味着将f作奇延拓,然后再以2π为周期延拓,这个过程不必写了,只要直接计算系数即可.

$$b_n = \frac{2}{\pi}\int_0^{\pi}\cos x \cdot \sin nx\mathrm{d}x = \frac{1}{\pi}\int_0^{\pi}[\sin(n+1)x + \sin(n-1)x]\mathrm{d}x$$

$$= \frac{1}{\pi}\left[\frac{-\cos(n+1)x}{n+1} - \frac{\cos(n-1)x}{n-1}\right]_0^{\pi}$$

$$= \frac{1}{\pi}\left[\frac{1}{n+1} + \frac{1}{n-1} - \frac{\cos(n+1)\pi}{n+1} - \frac{\cos(n-1)\pi}{n-1}\right]$$

$$= \frac{2n}{\pi(n^2-1)}[1-(-1)^{n-1}] = \begin{cases} 0, & n = 2k-1, \\ \dfrac{8k}{\pi(4k^2-1)}, & n = 2k, k = 1,2,\cdots, \end{cases}$$

所以

$$\frac{8}{\pi}\sum_{k=1}^{\infty}\frac{k}{4k^2-1}\sin 2kx = \begin{cases} \cos x, & x \in (0,\pi), \\ 0, & x = 0,\pi. \end{cases}$$

例 1.3.4 将 $f(x)=ax-x^2, x\in[0,a]$ 展成余弦级数.

解 $a_0 = \dfrac{2}{a}\displaystyle\int_0^a (ax-x^2)\mathrm{d}x = \dfrac{a^2}{3}$,

$$a_n = \frac{2}{a}\int_0^a (ax-x^2)\cos\frac{n\pi}{a}x\mathrm{d}x$$

$$= \frac{2}{a}\left[(ax-x^2)\frac{a}{n\pi}\sin\frac{n\pi}{a}x\Big|_0^a - \frac{a}{n\pi}\int_0^a (a-2x)\sin\frac{n\pi}{a}x\mathrm{d}x\right]$$

$$= -\frac{2}{n\pi}\left[-(a-2x)\frac{a}{n\pi}\cos\frac{n\pi}{a}x\Big|_0^a + \frac{a}{n\pi}\int_0^a -2\cos\frac{n\pi}{a}x\mathrm{d}x\right]$$

$$= -\frac{2a^2}{n^2\pi^2}[(-1)^n+1] = \begin{cases} 0, & n = 2k-1, \\ -\dfrac{a^2}{k^2\pi^2}, & n = 2k, \quad k = 1,2,\cdots, \end{cases}$$

所以

$$ax - x^2 = \frac{a^2}{6} - \frac{a^2}{\pi^2}\sum_{k=1}^{\infty}\frac{1}{k^2}\cos\frac{2k\pi}{a}x, \quad x \in [0,a].$$

1.3.4 傅里叶积分公式

前面我们已经讨论了将定义在有限区间上的函数展开成三角级数的问

题,现在我们要问:对于一个定义在无限区间$(-\infty,+\infty)$上的函数有没有类似的展开式?为了回答这个问题我们还是从有限区间的情形出发,再把区间$(-\infty,+\infty)$看作是$(-l,l)$当$l\to+\infty$时的极限状态.

设函数f在$(-l,l)$内满足前述的狄利克雷条件,并且是连续的,则

$$f(x)=\frac{a_0}{2}+\sum_{n=1}^{\infty}\left(a_n\cos\frac{n\pi}{l}x+b_n\sin\frac{n\pi}{l}x\right),\tag{1.3.14}$$

其中

$$\begin{aligned}a_n&=\frac{1}{l}\int_{-l}^{l}f(t)\cos\frac{n\pi}{l}t\mathrm{d}t,\quad n=0,1,2,\cdots,\\ b_n&=\frac{1}{l}\int_{-l}^{l}f(t)\sin\frac{n\pi}{l}t\mathrm{d}t,\quad n=1,2,\cdots.\end{aligned}\tag{1.3.15}$$

把(1.3.15)代入(1.3.14)得

$$\begin{aligned}f(x)&=\frac{1}{2l}\int_{-l}^{l}f(t)\mathrm{d}t+\sum_{n=1}^{\infty}\frac{1}{l}\int_{-l}^{l}f(t)\left(\cos\frac{n\pi}{l}t\cos\frac{n\pi}{l}x+\sin\frac{n\pi}{l}t\sin\frac{n\pi}{l}x\right)\mathrm{d}t\\&=\frac{1}{2l}\int_{-l}^{l}f(t)\mathrm{d}t+\sum_{n=1}^{\infty}\frac{1}{l}\int_{-l}^{l}f(t)\cos\frac{n\pi}{l}(x-t)\mathrm{d}t.\end{aligned}\tag{1.3.16}$$

如果f是定义在$(-\infty,+\infty)$上的函数,且是绝对可积的,即$\int_{-\infty}^{+\infty}|f(t)|\mathrm{d}t$收敛,我们来考察(1.3.16)的右端当$l\to+\infty$时的极限.由于$f(x)$绝对可积,所以第一项当$l\to+\infty$时趋于零.为了研究第二项,记$\omega_n=\frac{n\pi}{l}$,$\Delta\omega_n=\omega_n-\omega_{n-1}=\frac{\pi}{l}$,故(1.3.16)右端第二项可表示为

$$\begin{aligned}&\sum_{n=1}^{\infty}\frac{1}{l}\int_{-l}^{l}f(t)\cos\omega_n(x-t)\mathrm{d}t\\&=\frac{1}{\pi}\sum_{n=1}^{\infty}\left\{\int_{-l}^{l}f(t)\cos\omega_n(x-t)\mathrm{d}t\right\}\Delta\omega_n.\end{aligned}$$

由于当$l\to+\infty$时$\Delta\omega_n\to0$,所以上式右端可看成是函数

$$\varphi(\omega)=\frac{1}{\pi}\int_{-\infty}^{\infty}f(t)\cos\omega(x-t)\mathrm{d}t$$

在区间$[0,+\infty)$上的积分和,即

$$\lim_{l\to+\infty}\frac{1}{\pi}\sum_{n=1}^{\infty}\left\{\int_{-l}^{l}f(t)\cos\omega_n(x-t)\mathrm{d}t\right\}\Delta\omega_n=\int_{0}^{+\infty}\varphi(\omega)\mathrm{d}\omega.\tag{1.3.17}$$

这样一来，在(1.3.16)中令 $l\to+\infty$ 得

$$f(x)=\frac{1}{\pi}\int_0^{+\infty}\mathrm{d}\omega\int_{-\infty}^{+\infty}f(t)\cos\omega(x-t)\mathrm{d}t,\quad -\infty<x<+\infty.\tag{1.3.18}$$

这个表达式称为函数 f 的**傅里叶积分公式**，右端的积分称为傅里叶积分.

(1.3.18)也可以写成

$$f(x)=\int_0^{+\infty}[a(\omega)\cos\omega x+b(\omega)\sin\omega x]\mathrm{d}\omega,\tag{1.3.19}$$

其中

$$\begin{aligned}a(\omega)&=\frac{1}{\pi}\int_{-\infty}^{+\infty}f(t)\cos\omega t\mathrm{d}t,\\ b(\omega)&=\frac{1}{\pi}\int_{-\infty}^{+\infty}f(t)\sin\omega t\mathrm{d}t.\end{aligned}\tag{1.3.20}$$

(1.3.19)与傅里叶级数非常相似，其中的 $a(\omega)$，$b(\omega)$ 相当于傅里叶系数.

公式(1.3.18)或(1.3.19)的推导完全是形式的，但可以证明下面的收敛性定理：

设函数 $f(x)$ 在任何的有限区间上满足狄利克雷条件，且在 $(-\infty,+\infty)$ 上是绝对可积的，则对所有的 x，有

$$\frac{1}{\pi}\int_0^{+\infty}\mathrm{d}\omega\int_{-\infty}^{+\infty}f(t)\cos\omega(x-t)\mathrm{d}t=\frac{f(x+0)+f(x-0)}{2}.\tag{1.3.21}$$

从(1.3.20)可以看出，若 $f(x)$ 是偶函数，则

$$a(\omega)=\frac{2}{\pi}\int_0^{+\infty}f(t)\cos\omega t\mathrm{d}t,\quad b(\omega)=0,$$

$$\frac{f(x+0)+f(x-0)}{2}=\frac{2}{\pi}\int_0^{+\infty}\cos\omega x\mathrm{d}\omega\int_0^{+\infty}f(t)\cos\omega t\mathrm{d}t;\tag{1.3.22}$$

若 $f(x)$ 是奇函数，则

$$\begin{aligned}&a(\omega)=0,\quad b(\omega)=\frac{2}{\pi}\int_0^{+\infty}f(t)\sin\omega t\mathrm{d}t,\\ &\frac{f(x+0)+f(x-0)}{2}=\frac{2}{\pi}\int_0^{+\infty}\sin\omega x\mathrm{d}\omega\int_0^{+\infty}f(t)\sin\omega t\mathrm{d}t.\end{aligned}\tag{1.3.23}$$

若 $f(x)$ 只定义在 $[0,+\infty)$ 上，则 f 既可以奇延拓也可以偶延拓到 $(-\infty,+\infty)$ 上，相应地也有表达式(1.3.22)或(1.3.23).

例 1.3.5 设 $f(x)$ 为

$$f(x)=\begin{cases}1, & 0\leqslant x<1,\\ 0, & x>1,\end{cases}$$

将这个函数展成(1.3.22)的形式.

解 由于

$$\int_0^{+\infty}\cos\omega x\mathrm{d}\omega\int_0^{+\infty}f(t)\cos\omega t\mathrm{d}t=\int_0^{+\infty}\cos\omega x\mathrm{d}\omega\int_0^1\cos\omega t\mathrm{d}t$$

$$=\int_0^{+\infty}\cos\omega x\cdot\frac{\sin\omega}{\omega}\mathrm{d}\omega,$$

故

$$\frac{2}{\pi}\int_0^{+\infty}\frac{\cos\omega x\sin\omega}{\omega}\mathrm{d}\omega=\begin{cases}1, & 0\leqslant x<1,\\ \dfrac{1}{2}, & x=1,\\ 0, & x>1.\end{cases}$$

§1.4 解析函数的极点及其留数

在利用积分变换法求解定解问题时,需要求已知函数的逆变换,在拉普拉斯变换的情形就会遇到计算具有孤立奇点的解析函数的围道积分,这时可以用复变函数理论中的留数定理来解决.

1.4.1 解析函数的极点

记 $z=x+y\mathrm{i}$ 为复的自变量,G 是 z 平面上的一个区域,如果单值函数 $w=f(z)$ 在G 内每一点都是可导的,则称它在 G 内是解析的.需要特别注意的是,称一个函数在一点上是解析的是指它在这个点的某个邻域内是可导的.换句话说,只要有一个以点 a 为圆心,以一个充分小的数为半径的圆存在,使得 $f(z)$ 在这个圆内是可导函数时,$f(z)$ 就称为在点 a 上是解析的.以后把这种点称为$f(z)$的**正则点**,将函数 $f(z)$ 的任一非正则点称为它的**奇异点**,或简称奇点.例如,函数$\dfrac{1}{1-z}$对所有 $z\neq1$ 的点 z 都是解析的,只有 $z=1$ 是它的奇点.

如果函数 $f(z)$ 在 a 点是解析的,则这个函数在点 a 的某个邻域内(例如是以 a 为圆心以某一正数 ρ 为半径的圆 K 内)就可以展开成关于 $z-a$ 的幂

级数

$$f(z)=\sum_{n=0}^{\infty}C_n(z-a)^n, \tag{1.4.1}$$

其中

$$C_n=\frac{1}{2\pi i}\int_C\frac{f(\zeta)}{(\zeta-a)^{n+1}}d\zeta,\quad n=0,1,2,\cdots, C\text{ 是 }K\text{ 的边界}. \tag{1.4.2}$$

现在我们感兴趣的问题是：如果 a 点是 $f(z)$ 的奇点，并且是一个孤立的奇点，即在 a 的某个邻域 K 内除 a 以外，$f(z)$ 都是解析的，这时 $f(z)$ 在 K 内能不能展开成级数？

利用复变函数中的**柯西(Cauchy)积分公式**，可以证明这时 $f(z)$ 在 K 中的某个去心邻域 $0<|z-a|<r\leqslant\rho$ 内能展开成如下形式的级数

$$f(z)=\sum_{n=0}^{\infty}C_n(z-a)^n+\sum_{n=1}^{\infty}C_{-n}(z-a)^{-n} \tag{1.4.3}$$

或

$$f(z)=\sum_{n=-\infty}^{+\infty}C_n(z-a)^n. \tag{1.4.4}$$

级数(1.4.3)或(1.4.4)称为 $f(z)$ 的**洛朗(Laurent)级数**.级数(1.4.3)中的第一部分 $\sum_{n=0}^{\infty}(z-a)^n$ 称为洛朗级数的**正则部分**，第二部分 $\sum_{n=1}^{\infty}C_{-n}(z-a)^{-n}$ 称为洛朗级数的**主要部分**.显然，正则部分在整个 K 内是解析的，主要部分在 K 内除 a 点以外是解析的.

例 1.4.1　将函数 $f(z)=\dfrac{1}{(z-1)(z-2)}$ 在 $z=1$ 的邻域内展开成级数.

解　$z=1$ 是 $f(z)$ 的一个孤立的奇点，为了进行展开，我们将 $f(z)$ 写成

$$f(z)=\frac{1}{z-2}-\frac{1}{z-1}.$$

$\dfrac{1}{z-1}=(z-1)^{-1}$ 不需要再展开了，所以只要将 $\dfrac{1}{z-2}$ 展开成级数.显然在 $|z-1|<1$ 内它是解析的，故能展成 $z-1$ 的幂级数，即

$$\begin{aligned}\frac{1}{z-2}&=\frac{1}{(z-1)-1}=-\frac{1}{1-(z-1)}\\&=-\sum_{k=0}^{\infty}(z-1)^k,\quad |z-1|<1.\end{aligned}$$

于是

$$f(z)=-(z-1)^{-1}-\sum_{k=0}^{\infty}(z-1)^{k}$$

$$=-\sum_{n=-1}^{\infty}(z-1)^{n},\quad 0<|z-1|<1.$$

例 1.4.2 将 $f(z)=\mathrm{e}^{\frac{1}{z}}$ 在 $z=0$ 的邻域展成级数.

解 利用 e^{x} 的**泰勒(Taylor)级数**展开式

$$\mathrm{e}^{x}=1+x+\frac{1}{2!}x^{2}+\cdots+\frac{1}{n!}x^{n}+\cdots=\sum_{n=0}^{\infty}\frac{1}{n!}x^{n},$$

可得

$$\mathrm{e}^{\frac{1}{z}}=1+\frac{1}{z}+\frac{1}{2!}\left(\frac{1}{z}\right)^{2}+\cdots+\frac{1}{n!}\left(\frac{1}{z}\right)^{n}+\cdots=\sum_{n=0}^{\infty}\frac{1}{n!}z^{-n},\quad |z|>0.$$

根据单值函数 $f(z)$ 在孤立奇点的邻域内的洛朗展开式可把孤立奇点加以分类,其中最常见的一类就是极点.如果展开式(1.4.3)或(1.4.4)中只含有限个 $z-a$ 的负幂项,则称 a 为 $f(z)$ 的一个极点.例如,$z=1$ 就是函数 $\dfrac{1}{(z-1)(z-2)}$ 的一个极点.

极点又可以分为两类,如果在 a 点的某个邻域内,$f(z)$ 的洛朗展开式的主要部分只包含 $z-a$ 的负一次方这一项,即

$$f(z)=\frac{C_{-1}}{z-a}+C_{0}+C_{1}(z-a)+\cdots+C_{n}(z-a)^{n}+\cdots,\qquad(1.4.5)$$

则称点 a 为 $f(z)$ 的简单极点.例如,$z=1$ 就是 $\dfrac{1}{(z-1)(z-2)}$ 的一个简单极点.

如果在点 a 的某个邻域内,$f(z)$ 的洛朗展开式为

$$f(z)=\frac{C_{-n}}{(z-a)^{n}}+\frac{C_{-n+1}}{(z-a)^{n-1}}+\cdots+\frac{C_{-1}}{z-a}+C_{0}+ C_{1}(z-a)+\cdots+C_{n}(z-a)^{n}+\cdots,\qquad(1.4.6)$$

则称 a 为 $f(z)$ 的 n 阶极点.例如,$z=1$ 是函数 $\dfrac{1}{(z-1)^{2}(z-2)}$ 的二阶极点.

1.4.2 极点的留数及其计算

假设点 a 是 $f(z)$ 的一个孤立奇点,并且闭曲线 C 完全位于 a 的某一邻域

内,这个邻域记成 $0<|z-a|<r$.函数 $f(z)$ 在此邻域内可展开为洛朗级数:

$$f(z)=\sum_{n=-\infty}^{+\infty}C_n(z-a)^n,\tag{1.4.7}$$

并且这个展开式在上述邻域内是一致收敛的.沿 C 逐项积分这个级数,利用柯西定理可得

$$\int_C f(z)\,\mathrm{d}z=C_{-1}\cdot 2\pi\mathrm{i}.\tag{1.4.8}$$

这里利用了从柯西定理所得的结论:对任意整数 m,

$$\int_C(z-a)^m\mathrm{d}z=\begin{cases}0, & m\neq-1,\\ 2\pi\mathrm{i}, & m=-1.\end{cases}$$

我们称 $\dfrac{1}{2\pi\mathrm{i}}\displaystyle\int_C f(z)\,\mathrm{d}z$ 为函数 $f(z)$ 关于奇点 a 的**留数**,记作 $\operatorname*{Res}\limits_{z=a}[f(z)]$ 或 $\mathrm{Res}[f(z),a]$.由(1.4.8)可知

$$\mathrm{Res}[f(z),a]=C_{-1}.\tag{1.4.9}$$

这就是说,$f(z)$ 在奇点 a 处的留数就等于 $f(z)$ 的 a 点邻域内洛朗展开式(1.4.7)中的(-1)次项的系数.

利用柯西定理可以证明**留数的基本定理**:设函数 $f(z)$ 除有限个奇点 $a_1,a_2,\cdots,a_n$ 外,在区域 G 的每一点都是解析的,Γ 是 G 内任意一条内部包含点 $a_1,a_2,\cdots,a_n$ 的逐段光滑的闭曲线,则

$$\int_\Gamma f(z)\,\mathrm{d}z=2\pi\mathrm{i}\cdot\sum_{k=1}^{n}\mathrm{Res}[f(z),a_k].\tag{1.4.10}$$

这个定理表明,为了计算积分 $\displaystyle\int_\Gamma f(z)\,\mathrm{d}z$,只要把 $f(z)$ 在 Γ 内各个奇点处的留数计算出来,并相加后再乘 $2\pi\mathrm{i}$.那么如何计算留数呢?从(1.4.9)来看,就是要计算洛朗展开式中的系数 C_{-1}.有没有一种不需要利用洛朗展开式的更简单的计算留数的方法呢?当 a 点是极点的情形,这种方法是不难找到的.

当点 a 是 $f(z)$ 的简单极点时,$f(z)$ 的洛朗展开式为(1.4.5),用 $(z-a)$ 乘(1.4.5)的两端得

$$(z-a)f(z)=C_{-1}+C_0(z-a)+\cdots+C_n(z-a)^{n+1}+\cdots.\tag{1.4.11}$$

这时上式右端是一个普通的幂级数,其和在 a 点是连续的.在(1.4.11)中令 $z\to a$ 得

$$C_{-1}=\lim_{z\to a}(z-a)f(z).\tag{1.4.12}$$

这就是计算简单极点处留数的公式.作为特例,设

$$f(z)=\frac{\varphi(z)}{\psi(z)},$$

其中 $\varphi(z)$ 与 $\psi(z)$ 在点 a 处都是解析的,而且 $\varphi(a)\neq 0,\psi(a)=0,\psi'(a)\neq 0$,这时点 a 是 $f(z)$ 的一个简单极点,利用(1.4.12)得

$$C_{-1}=\lim_{z\to a}(z-a)\frac{\varphi(z)}{\psi(z)}=\lim_{z\to a}\frac{\varphi(z)}{\dfrac{\psi(z)-\psi(a)}{z-a}}=\frac{\varphi(a)}{\psi'(a)}. \tag{1.4.13}$$

例如,对函数 $\dfrac{1}{\cos z}$ 而言,$a=(2n+1)\dfrac{\pi}{2}$ 是它的简单极点,由(1.4.13)得

$$\mathrm{Res}\left[\frac{1}{\cos z},(2n+1)\frac{\pi}{2}\right]=-\frac{1}{\sin(2n+1)\dfrac{\pi}{2}}=(-1)^{n-1}.$$

如果点 a 是 $f(z)$ 的 n 阶极点,这时有洛朗展开式(1.4.6),用 $(z-a)^n$ 乘(1.4.6)的两端得

$$\begin{aligned}(z-a)^nf(z)=C_{-n}+C_{-n+1}(z-a)+\cdots+C_{-1}(z-a)^{n-1}+\\ C_0(z-a)^n+\cdots+C_k(z-a)^{n+k}+\cdots.\end{aligned} \tag{1.4.14}$$

在(1.4.14)两端微分 $n-1$ 次得

$$\frac{\mathrm{d}^{n-1}}{\mathrm{d}z^{n-1}}[(z-a)^nf(z)]=(n-1)!\ C_{-1}+n!\ C_0(z-a)+\cdots,$$

令 $z\to a$ 得

$$C_{-1}=\frac{1}{(n-1)!}\lim_{z\to a}\frac{\mathrm{d}^{n-1}}{\mathrm{d}z^{n-1}}[(z-a)^nf(z)]. \tag{1.4.15}$$

这就是计算 $f(z)$ 在 n 阶极点 a 处留数的公式.

例 1.4.3 求 $f(z)=\dfrac{5z-2}{z(z-1)^2}$ 在 $z=1$ 处的留数.

解 由(1.4.15)得

$$\begin{aligned}\mathrm{Res}\left[\frac{5z-2}{z(z-1)^2},1\right]&=\lim_{z\to 1}\frac{\mathrm{d}}{\mathrm{d}z}\left[(z-1)^2\frac{5z-2}{z(z-1)^2}\right]\\&=\lim_{z\to 1}\frac{\mathrm{d}}{\mathrm{d}z}\left(\frac{5z-2}{z}\right)=\lim_{z\to 1}\frac{2}{z^2}=2.\end{aligned}$$

利用留数基本定理可以计算复变函数沿闭曲线的积分.

例 1.4.4　计算积分

$$I=\int_0^{2\pi}\frac{\mathrm{d}\theta}{1-2p\cos\theta+p^2},\quad 0\leqslant |p|<1.$$

解　这里的被积函数并不是复变量的函数,但可以通过引入变量 $z=\mathrm{e}^{\mathrm{i}\theta}$ 变成复函数.事实上,由于

$$\cos\theta=\frac{z+z^{-1}}{2},\quad \mathrm{d}\theta=\frac{\mathrm{d}z}{\mathrm{i}z},$$

则得

$$\int_0^{2\pi}\frac{\mathrm{d}\theta}{1-2p\cos\theta+p^2}=\frac{1}{\mathrm{i}}\int_{|z|=1}\frac{\mathrm{d}z}{(z-p)(1-pz)}.$$

在单位圆 $|z|<1$ 内,被积函数只有一个简单极点 $z=p$,且

$$\mathrm{Res}\left[\frac{1}{(z-p)(1-pz)},p\right]=\lim_{z\to p}\frac{1}{1-pz}=\frac{1}{1-p^2}.$$

所以由留数基本定理得

$$I=\frac{1}{\mathrm{i}}2\pi\mathrm{i}\cdot\frac{1}{1-p^2}=\frac{2\pi}{1-p^2}.$$

§1.5　积分变换中几个理论结果的证明

在教材的§3.3中,我们介绍了傅里叶变换和拉普拉斯(Laplace)变换的概念、基本性质及在求解数学物理方程定解问题中的应用.但其中有些结果我们未加证明,例如傅里叶变换与拉普拉斯变换的反演公式等.在这一节内我们将给出这些结果的证明.

命题 1　设 $f(x)$ 及 $f'(x)$ ($f(x)$ 的导函数)在 $(-\infty,+\infty)$ 内是连续且绝对可积的函数,则

$$\lim_{|x|\to\infty}f(x)=0. \tag{1.5.1}$$

这个结果在证明傅里叶变换的微分性质时已经用过.下面来证明该结果.

证　因 $f'(x)$ 在 $(-\infty,+\infty)$ 内是连续的,故有

$$f(x)=f(0)+\int_0^x f'(t)\,\mathrm{d}t, \tag{1.5.2}$$

又因$f'(x)$在$(-\infty,+\infty)$内绝对可积,所以积分

$$\int_0^{\pm\infty} |f'(x)|\,\mathrm{d}x < \infty.$$

于是极限

$$\lim_{|x|\to\infty} f(x) = f(0) + \int_0^{\pm\infty} f'(x)\,\mathrm{d}x \tag{1.5.3}$$

一定存在,记 $\lim\limits_{|x|\to\infty} f(x) = a_{\pm}$.

又因$f(x)$在$(-\infty,+\infty)$内是绝对可积的,所以必然有

$$a_{\pm} = 0.$$

命题 2(拉普拉斯变换存在性) 设函数$f(t)$满足下列条件:

(1) 当$t\geqslant 0$时,$f(t)$除了有有限个第一类间断点外处处连续;

(2) 存在正的常数M及非负常数C_0使得

$$|f(t)| \leqslant M\mathrm{e}^{C_0 t}, \quad 0 < t < +\infty, \tag{1.5.4}$$

则由

$$F(p) = \int_0^{\infty} f(t)\,\mathrm{e}^{-pt}\,\mathrm{d}t \tag{1.5.5}$$

所确定的函数$F(p)$在半平面$\mathrm{Re}(p)=C>C_0$内有意义并且是解析的.

证 利用条件(2)得

$$\int_0^{\infty} |f(t)\,\mathrm{e}^{-pt}|\,\mathrm{d}t \leqslant \int_0^{\infty} M\mathrm{e}^{(C_0-C)t}\,\mathrm{d}t.$$

当$\mathrm{Re}(p)=C>C_0$时,上式右端积分是收敛的,且

$$\int_0^{\infty} M\mathrm{e}^{(C_0-C)t}\,\mathrm{d}t = \frac{M}{C-C_0}.$$

故(1.5.5)中的积分在半平面$\mathrm{Re}(p)>C_0$内是绝对收敛的,这说明$F(p)$有意义.

在(1.5.5)两端对p形式上求导数,得

$$F'(p) = \int_0^{\infty} f(t)\,\mathrm{e}^{-pt}(-t)\,\mathrm{d}t, \tag{1.5.6}$$

再利用条件(2)得

$$\begin{aligned}\left|\int_0^{\infty} f(t)\,\mathrm{e}^{-pt}(-t)\,\mathrm{d}t\right| &\leqslant \int_0^{\infty} |f(t)|\cdot|\mathrm{e}^{-pt}|\,t\,\mathrm{d}t\\ &\leqslant \int_0^{\infty} Mt\mathrm{e}^{(C_0-C)t}\,\mathrm{d}t = \frac{M}{(C-C_0)^2}.\end{aligned}$$

这说明(1.5.6)右端的积分在半平面 $\mathrm{Re}(p)>C_0$ 内是绝对收敛的,即 $F'(p)$ 有意义,故 $F(p)$ 在 $\mathrm{Re}(p)>C_0$ 内是 p 的解析函数.

下面我们来讨论傅里叶变换和拉普拉斯变换的反演公式及拉普拉斯逆变换的计算方法.先给出几个引理,它们在数学分析和复变函数的教材中都能找到,此处不予证明.

引理 1(黎曼(Riemann)引理) 设函数 $\varphi(u)$ 在 $[a,b]$ 上是绝对可积的,则

$$\lim_{N\to\infty}\int_a^b \varphi(u)\sin Nu\,\mathrm{d}u=0,$$

$$\lim_{N\to\infty}\int_a^b \varphi(u)\cos Nu\,\mathrm{d}u=0.$$

引理 2(含参变量反常积分的一致收敛性) 设存在函数 $F(x)$,使

$$|f(x,y)|\leqslant F(x),\quad a\leqslant x<+\infty,\quad c\leqslant y\leqslant d$$

且积分 $\int_a^{+\infty}F(x)\,\mathrm{d}x$ 收敛,则积分 $\int_a^{+\infty}f(x,y)\,\mathrm{d}x$ 关于 y 在 $[c,d]$ 上一致收敛.

引理 3(积分次序可交换性) 设 $f(x,y)$ 在 $[a,+\infty)\times[c,d]$ 上连续,$\int_a^{+\infty}f(x,y)\,\mathrm{d}x$ 关于 $y\in[c,d]$ 一致收敛,则

$$\int_c^d \mathrm{d}y\int_a^{+\infty}f(x,y)\,\mathrm{d}x=\int_a^{+\infty}\mathrm{d}x\int_c^d f(x,y)\,\mathrm{d}y.$$

引理 4(若尔当(Jordan)引理) 若在某一列圆弧 $C_n:|z|=R_n,\mathrm{Re}(z)<a$ $(R_n\to\infty$, a 是固定常数)上,函数 $f(z)$ 关于 $\arg z$(z 的辐角)是一致地趋于 0,则对于任一正数 t,都有

$$\lim_{n\to\infty}\int_{C_n}f(z)\mathrm{e}^{tz}\,\mathrm{d}z=0.$$

命题 3(傅里叶变换反演公式) 若 $f(x)$ 是 $(-\infty,+\infty)$ 内一次连续可微且绝对可积的函数,则有

$$\lim_{N\to\infty}\frac{1}{2\pi}\int_{-N}^{N}F(\omega)\mathrm{e}^{\mathrm{i}\omega x}\,\mathrm{d}\omega=f(x),\tag{1.5.7}$$

其中

$$F(\omega)=\int_{-\infty}^{+\infty}f(x)\mathrm{e}^{-\mathrm{i}\omega x}\,\mathrm{d}x\tag{1.5.8}$$

是 $f(x)$ 的傅里叶变换.

证 由 $f(x)$ 在 $(-\infty,+\infty)$ 内是绝对可积的,易知积分

$$\int_{-\infty}^{+\infty} f(x)\mathrm{e}^{-\mathrm{i}\omega x}\mathrm{d}x$$

关于 ω 是一致收敛的,且为 ω 的连续函数.从而

$$\begin{aligned}\frac{1}{2\pi}\int_{-N}^{N} F(\omega)\mathrm{e}^{\mathrm{i}\omega x}\mathrm{d}\omega &= \frac{1}{2\pi}\int_{-\infty}^{+\infty} f(\xi)\mathrm{d}\xi\int_{-N}^{N}\mathrm{e}^{\mathrm{i}\omega(x-\xi)}\mathrm{d}\omega \\ &= \frac{1}{\pi}\int_{-\infty}^{+\infty} f(\xi)\frac{\sin N(x-\xi)}{x-\xi}\mathrm{d}\xi \\ &= \frac{1}{\pi}\int_{-\infty}^{+\infty} f(\eta+x)\frac{\sin N\eta}{\eta}\mathrm{d}\eta \quad (\eta=\xi-x) \\ &= \frac{1}{\pi}\left(\int_{-\infty}^{-M}+\int_{-M}^{M}+\int_{M}^{+\infty}\right) = J_1+J_2+J_3. \end{aligned} \tag{1.5.9}$$

现分别考虑当 $N\to\infty$ 时 $J_i(i=1,2,3)$ 的极限.易知

$$|J_1|,|J_3| \leqslant \frac{1}{\pi M}\int_{-\infty}^{+\infty}|f(x)|\mathrm{d}x, \tag{1.5.10}$$

此外,

$$\begin{aligned} J_2 &= \frac{1}{\pi}\int_{-M}^{M}\frac{f(x+\eta)-f(x)}{\eta}\sin N\eta\mathrm{d}\eta + \frac{f(x)}{\pi}\int_{-M}^{M}\frac{\sin N\eta}{\eta}\mathrm{d}\eta \\ &= \frac{1}{\pi}\int_{-M}^{M} g(x,\eta)\sin N\eta\mathrm{d}\eta + \frac{f(x)}{\pi}\int_{-MN}^{MN}\frac{\sin t}{t}\mathrm{d}t, \end{aligned} \tag{1.5.11}$$

其中 $g(x,\eta)=\int_0^1 f'(x+\tau\eta)\mathrm{d}\tau$ 是 x,η 的连续函数.

任给 $\varepsilon>0$,先取 M_0,使当 $M>M_0$ 时(1.5.10)的右端 $<\frac{\varepsilon}{4}$.然后固定 M,由引理 1 知,存在 N_1,使当 $N>N_1$ 时(1.5.11)的右端中第一个积分 $<\frac{\varepsilon}{4}$.又因

$$\int_{-\infty}^{+\infty}\frac{\sin x}{x}\mathrm{d}x = \pi,$$

故存在 N_2,使当 $N>N_2$ 时

$$\left|\frac{f(x)}{\pi}\int_{-MN}^{MN}\frac{\sin t}{t}\mathrm{d}t - f(x)\right| < \frac{\varepsilon}{4}.$$

取 $N_0=\max(N_1,N_2)$,由(1.5.9)知,当 $N>N_0$ 时

$$\left|\frac{1}{2\pi}\int_{-N}^{N}F(\omega)\mathrm{e}^{\mathrm{i}\omega x}\mathrm{d}\omega-f(x)\right|<\varepsilon.$$

至此命题 3 得证.

命题 4(拉普拉斯变换反演公式) 若 $f(t)$ 满足命题 2 中的条件(1)与(2),$F(p)$ 是 $f(t)$ 的拉普拉斯变换,则当 $t>0$ 时,在 $f(t)$ 的每个连续点都有

$$f(t)=\frac{1}{2\pi\mathrm{i}}\int_{\beta-\mathrm{i}\infty}^{\beta+\mathrm{i}\infty}F(p)\mathrm{e}^{pt}\mathrm{d}p,\quad t>0,\tag{1.5.12}$$

其中 β 是实数,右端积分是沿着任一直线 $\mathrm{Re}(p)=\beta>C_0$ 进行的.

证 令

$$f_N(t)=\frac{1}{2\pi\mathrm{i}}\int_{\beta-\mathrm{i}N}^{\beta+\mathrm{i}N}F(p)\mathrm{e}^{pt}\mathrm{d}p=\frac{1}{2\pi\mathrm{i}}\int_{\beta-\mathrm{i}N}^{\beta+\mathrm{i}N}\left(\int_0^{\infty}f(\tau)\mathrm{e}^{-p\tau}\mathrm{d}\tau\right)\mathrm{e}^{pt}\mathrm{d}p,$$

因在半平面 $\mathrm{Re}(p)>\beta$ 内积分 $\int_0^{\infty}f(\tau)\mathrm{e}^{-p\tau}\mathrm{d}\tau$ 关于 p 是一致收敛的,由引理 3 得

$$f_N(t)=\frac{1}{2\pi\mathrm{i}}\int_0^{\infty}f(\tau)\mathrm{d}\tau\int_{\beta-\mathrm{i}N}^{\beta+\mathrm{i}N}\mathrm{e}^{p(t-\tau)}\mathrm{d}p$$

$$=\frac{1}{\pi}\int_0^{\infty}f(\tau)\mathrm{e}^{\beta(t-\tau)}\frac{\sin N(t-\tau)}{t-\tau}\mathrm{d}\tau=\frac{1}{\pi}\int_{-t}^{\infty}g(\xi)\frac{\sin N\xi}{\xi}\mathrm{d}\xi,$$

其中 $\xi=\tau-t$,$g(\xi)=f(\xi+t)\mathrm{e}^{-\beta\xi}$.由于 t 是 $f(t)$ 的连续点,故 $\xi=0$ 是 $g(\xi)$ 的连续点,且

$$\lim_{\xi\to 0}g(\xi)=g(0)=f(t).$$

至此,再利用证明命题 3 的同样方法即可得命题 4 的结论.

命题 5(拉普拉斯逆变换的计算) 设 $F(p)$ 是解析函数①,记 $p_1,p_2,\cdots,p_k,\cdots$ 为它的奇点,且分布在半平面 $\mathrm{Re}(p)\leqslant c_0$ 内.又设存在一族以 R_n 为半径的圆

---

① 一个解析函数 $F(p)$ 可以作为某一个函数 $f(t)$ 的拉普拉斯变换的充分条件是:

$F(p)$ 在 $\mathrm{Re}(p)>c_0$ 内解析,在任一个半平面 $\mathrm{Re}(p)=c>c_0$ 上,当 $|p|\to\infty$ 时,关于辐角 $\arg p$ 一致地趋于 0,且积分

$$\int_{c-\mathrm{i}\infty}^{c+\mathrm{i}\infty}F(p)\mathrm{d}p$$

绝对收敛,则 $F(p)$ 是函数

$$f(t)=\frac{1}{2\pi\mathrm{i}}\int_{c-\mathrm{i}\infty}^{c+\mathrm{i}\infty}F(p)\mathrm{e}^{pt}\mathrm{d}p$$

的拉普拉斯变换.

$$C_n: |p| = R_n, \quad R_1 < R_2 < \cdots < R_n < \cdots \to \infty,$$

在这族圆周上 $F(p)$ 关于辐角 $\arg p$ 一致地趋于 0，并且对任意一个 $c>c_0$，积分 $\int_{c-i\infty}^{c+i\infty} F(p)\,dp$ 绝对收敛，则 $F(p)$ 的拉普拉斯逆变换

$$f(t) = \sum_k \operatorname*{Res}_{p=p_k}(F(p)e^{pt}). \tag{1.5.13}$$

特别是，若 $F(p)=\dfrac{A(p)}{B(p)}$，其中 $A(p)$，$B(p)$ 为多项式，p_k 均为 $B(p)$ 的一阶零点，则

$$f(t) = \sum_k \frac{A(p_k)}{B'(p_k)} e^{p_k t}. \tag{1.5.14}$$

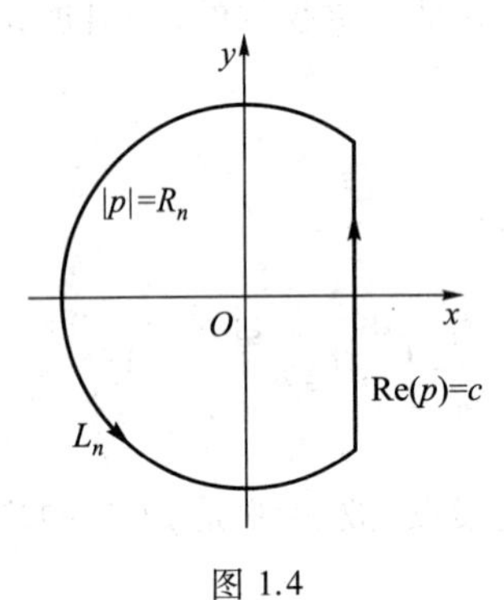

图 1.4

证　由脚注知，$F(p)$ 是

$$f(t) = \frac{1}{2\pi i}\int_{c-i\infty}^{c+i\infty} F(p)e^{pt}\,dp$$

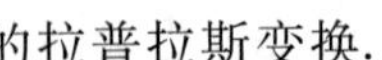
的拉普拉斯变换.

考察由直线 $\mathrm{Re}(p)=c$ 及圆 C_n 在直线左边的部分所组成的闭围道 L_n(如图 1.4)上的积分

$$\frac{1}{2\pi i}\int_{L_n} F(p)e^{pt}\,dp,$$

根据本书 §1.4 中留数的基本定理，$\dfrac{1}{2\pi i}\displaystyle\int_{L_n} F(p)e^{pt}\,dp = F(p)e^{pt}$ 在 L_n 内所有孤立奇点的留数之和. 但

$$\frac{1}{2\pi i}\int_{L_n} F(p)e^{pt}\,dp = \frac{1}{2\pi i}\int_{C_n'} F(p)e^{pt}\,dp + \frac{1}{2\pi i}\int_{L_n'} F(p)e^{pt}\,dp,$$

其中 C_n' 表示 C_n 在直线 $\mathrm{Re}(p)=c$ 的左边部分，L_n' 表示 L_n 的其余部分. 由于在 C_n' 上 $F(p)\to 0\,(n\to\infty)$，由引理 4 得

$$\lim_{n\to\infty}\int_{C_n'} F(p)e^{pt}\,dp = 0,$$

因此，当 $n\to\infty$ 时有

$$\frac{1}{2\pi i}\int_{c-i\infty}^{c+i\infty}F(p)e^{pt}dp=\lim_{n\to\infty}\frac{1}{2\pi i}\int_{L_n'}F(p)e^{pt}dp$$
$$=\lim_{n\to\infty}\frac{1}{2\pi i}\int_{L_n}F(p)e^{pt}dp=\sum_k\operatorname*{Res}_{p=p_k}(F(p)e^{pt}).$$

命题的最后特例利用本书 § 1.4 中关于单极点处留数的计算方法立即可得.

第二章　方法的点评及习题的启示与解答

在这一章内,我们将对《数学物理方程与特殊函数(第五版)》中的方法进行简要的点评,对所有习题都作详细解答,其中包括对题目进行启示、点评并给出解答过程.我们希望读者不要过于依赖解答,尽可能独立完成作业.

这一章的安排顺序和教材完全一致,即这里每节的编号对应教材各章的编号.

§2.1　一些典型方程和定解条件的推导

2.1.1　内容的评述

教材第一章是讲数学物理方程的研究对象——定解问题.一个定解问题是由偏微分方程和相应的定解条件组成,所以教材的第一节就从力学、电磁学及传热学出发讲了四个例子,最后归结为三种类型的方程: 波动方程、热传导方程及拉普拉斯方程.若以二维情况为例,它们分别是

$$\frac{\partial^2 u}{\partial t^2}=a^2\left(\frac{\partial^2 u}{\partial x^2}+\frac{\partial^2 u}{\partial y^2}\right)\text{（描述不受外力的薄膜的振动等）},\quad(2.1.1)$$

$$\frac{\partial u}{\partial t}=a^2\left(\frac{\partial^2 u}{\partial x^2}+\frac{\partial^2 u}{\partial y^2}\right)\text{（描述无热源的导热片的传热过程等）},\quad(2.1.2)$$

$$\frac{\partial^2 u}{\partial x^2}+\frac{\partial^2 u}{\partial y^2}=0\text{（描述无源的静电场的电位及有关稳恒问题）}.\quad(2.1.3)$$

这三个方程形式上有很大的差别,(2.1.3)中不依赖于时间 t,即描述平衡(稳)状态;(2.1.2)中 u 对 t 只有一阶导数,而对 x,y 则有二阶导数;(2.1.1)中 u 对三个自变量 t,x,y 都是求二阶导数,但其中两项为同号,另一项为异号.如果从教材 §3.1 的"注 1"中讲的特征方程的角度来看,对方程(2.1.1),过空间 (x,y,t) 内任一点 (x_0,y_0,t_0) 可作一个特征锥面

$$(x-x_0)^2+(y-y_0)^2=a^2(t-t_0)^2,$$

对方程(2. 1. 2)而言,特征曲面是平面

$$t=\text{常数},$$

而方程(2. 1. 3)没有实的特征曲面.

除了方程以外,我们还从具体问题出发归纳出三种类型的边界条件,这三种边界条件也可以用一个式子来表达,即

$$\left(\alpha\frac{\partial u}{\partial n}+\beta u\right)\bigg|_S=f, \tag{2.1.4}$$

其中 S 是区域的边界,$\boldsymbol{n}$ 是 S 的单位外法向矢量,α,β,f 是定义在 S 上的已知函数,并且 $\alpha+\beta\neq0$.若 $\alpha\equiv0$,这时 $\beta\neq0$,(2. 1. 4)是第一类边界条件;若 $\beta\equiv0$,则 $\alpha\neq0$,这时(2. 1. 4)是第二类边界条件;若 $\alpha\neq0,\beta\neq0$,这时(2. 1. 4)是第三类边界条件.如果(2. 1. 4)的右端函数(它不依赖于未知函数 u)恒等于零,这样的边界条件称为是齐次的.

定解条件中除了边界条件外,对于发展方程还应有初值条件,所谓发展方程就是以时间 t 作为一个自变量的方程,例如(2. 1. 1)与(2. 1. 2).对于波动方程(2. 1. 1)来说,其初值条件有两个,一个是初位移,一个是初速度,即 $u\big|_{t=0}$ 及 $\dfrac{\partial u}{\partial t}\bigg|_{t=0}$ 都是已知的;对于热传导方程(2. 1. 2),只有一个初值条件,即初始温度是已知的.若撇开物理意义,仅从方程的形式来看,(2. 1. 1)中含有 u 对 t 的二阶导数,其初值条件包含有 u 及 u 对 t 的一阶导数,而方程(2. 1. 2)中只含有 u 对 t 的一阶导数,其初值条件就只能有 u 对 t 的零阶导数(即函数 u 本身).

如果一个定解问题有且仅有一个稳定的解,则这个定解问题称为是适定的.怎样研究定解问题的适定性呢? 首先,要说明这个定解问题有解,即证明解的存在性.一般来说,这是很困难的课题.但如果能设法找出解的表达式并能说明它就是解,则不仅证明了定解问题有解,而且获得了最理想的结果(如教材中 § 2. 1).在我们编的教材里,只把重点放在设法将解的表达式找出来.

其次,要说明解只有一个,即证明解的唯一性.怎样证明解是唯一的呢?就是要证明定解问题的任意两个解都是恒等的.对于线性的定解问题来说,唯一性就等价于齐次问题(齐次方程、齐次定解条件)只有零解(或称平凡解).例如考察波动方程初边值问题

$$\begin{cases}\dfrac{\partial^2 u}{\partial t^2}=a^2\left(\dfrac{\partial^2 u}{\partial x^2}+\dfrac{\partial^2 u}{\partial y^2}\right)+f(x,y,t), & (x,y)\in\Omega,t>0,\\ u\big|_{t=0}=\varphi(x,y), & \\ & (x,y)\in\Omega,\\ \dfrac{\partial u}{\partial t}\bigg|_{t=0}=\psi(x,y), & \\ \left(\alpha\dfrac{\partial u}{\partial t}+\beta u\right)\bigg|_{\partial\Omega}=\omega(x,y,t), & (x,y)\in\partial\Omega,t>0\end{cases}$$

解的唯一性.设 $u_1(x,y,t)$ 与 $u_2(x,y,t)$ 是上述问题任意两个解,则 u_1,u_2 都满足方程与定解条件,即

$$\begin{cases}\dfrac{\partial^2 u_i}{\partial t^2}\equiv a^2\left(\dfrac{\partial^2 u_i}{\partial x^2}+\dfrac{\partial^2 u_i}{\partial y^2}\right)+f(x,y,t), & (x,y)\in\Omega,t>0,\\ u_i\big|_{t=0}\equiv\varphi(x,y), & \\ & (x,y)\in\Omega,\\ \dfrac{\partial u_i}{\partial t}\bigg|_{t=0}\equiv\psi(x,y), & \\ \left(\alpha\dfrac{\partial u_i}{\partial t}+\beta u_i\right)\bigg|_{\partial\Omega}\equiv\omega(x,y,t), & (x,y)\in\partial\Omega,t>0,\quad i=1,2.\end{cases}$$

将 $i=1$ 的方程与 $i=2$ 的相应方程相减,并令 $u=u_1-u_2$,则得

$$\begin{cases}\dfrac{\partial^2 u}{\partial t^2}=a^2\left(\dfrac{\partial^2 u}{\partial x^2}+\dfrac{\partial^2 u}{\partial y^2}\right), & (x,y)\in\Omega,t>0,\\ u\big|_{t=0}=\dfrac{\partial u}{\partial t}\bigg|_{t=0}=0, & (x,y)\in\Omega,\\ \left(\alpha\dfrac{\partial u}{\partial t}+\beta u\right)\bigg|_{\partial\Omega}=0, & t>0.\end{cases}$$

这是一个齐次定解问题,要证明 $u_1\equiv u_2$,等价于证明这个齐次问题只有解 $u\equiv 0$.

最后,要说明解是稳定的,即在某种意义下解连续地依赖于定解条件及方程中的自由项.

需要指出的是,由实际问题所归结出来的定解问题未必都是适定的,例如生物探伤、地质勘探等学科中所出现的定解问题就是不适定的.因此,研究不

适定的定解问题也有现实的重要意义，不过这些内容一般不放在数学物理方程或偏微分方程的教材内，另有专门的著作来研究.

要把一个实际问题归结成一个定解问题，一般说来是比较困难的，这就是数学的抽象过程，也可以说是建立数学模型.这个工作之所以困难在于需要用到一些其他学科的知识，如力学、物理学、电学、流体力学、传热学等.例如，在建立弦振动方程（包括膜振动、体振动）时就用到了牛顿第二定律（或动量原理），在建立热传导方程时就用到了热量守恒原理及傅里叶关于传热学的实验定律等.当然在对模型进行简化时也需要一些数学的技巧，如积分学中的高斯定理、向量分析等.读者在学习这部分内容时，一方面要认清产生困难的原因，另一方面还要注意培养抽象的数学思维的能力.随着自己知识面的不断扩大，建立数学模型的能力也必然会不断提高，切忌有浮躁的心态.

2.1.2　习题的启示与解答

教材第一章一共有六个题目，前四个题是关于建立定解问题的，后面两个题是验证型的，比较容易.

1. 长为 l 的均匀杆侧面绝缘，一端温度为零，另一端有恒定热流 q 进入（即单位时间内通过单位截面积流入的热量为 q），杆的初始温度分布是 $\frac{x(l-x)}{2}$，试写出相应的定解问题.

这是一个热传导问题，由于考虑细杆内的温度分布，所以是一维的.读者可以按照教材 § 1.1 节中例 4 的方法来建立方程，也可以在三维热传导方程中假定温度 u 不依赖于 y,z 只与 x 有关（把细杆放在 x 轴上）来得到

$$\frac{\partial u}{\partial t}=a^2\frac{\partial^2 u}{\partial x^2},\quad 0<x<l,t>0.$$

方程已经得到了，初值条件在题目中也给出来了，即

$$u\big|_{t=0}=\frac{x(l-x)}{2},\quad 0\leqslant x\leqslant l,$$

剩下的问题就是要写出边界条件.设在 $x=0$ 这个端点处温度是 0，则有

$$u\big|_{x=0}=0,\quad t>0.$$

另一端（即 $x=l$ 处）有恒定的热流 q 进入杆内，所谓恒定是指 q 是个常数，根据热流的定义有

$$q=\frac{\mathrm{d}Q}{\mathrm{d}S\mathrm{d}t},$$

其中 $\mathrm{d}Q$ 是在 $\mathrm{d}t$ 时间内通过面积 $\mathrm{d}S$ 的热量.现在热量是流入杆内,表明热流方向与 x 轴正向相反,由**傅里叶实验定律**得

$$q=\frac{\mathrm{d}Q}{\mathrm{d}S\mathrm{d}t}=k\frac{\partial u}{\partial x}\ (\text{在 } x=l \text{ 端,截面的外法向就是 } x \text{ 轴的正向}),$$

其中 k 是杆的热传导系数.因为杆是均匀的,故 k 是常数,所以在$x=l$ 处的边界条件为

$$\left.\frac{\partial u}{\partial x}\right|_{x=l}=\frac{q}{k},\quad t>0.$$

综合上述,所得的定解问题为

$$\begin{cases}\dfrac{\partial u}{\partial t}=a^2\dfrac{\partial^2 u}{\partial x^2}, & 0<x<l,t>0,\\ u\big|_{x=0}=0, & t>0,\\ \left.\dfrac{\partial u}{\partial x}\right|_{x=l}=\dfrac{q}{k}, & t>0,\\ u\big|_{t=0}=\dfrac{x(l-x)}{2}, & 0\leqslant x\leqslant l.\end{cases}$$

2. 长为 l 的弦两端固定,开始时在 $x=c$ 受到冲量 k 的作用,试写出相应的定解问题.

这是一个弦振动问题,方程在教材 § 1.1 节例 1 中已经推导过了.边界条件也简单,设弦的两端为 $x=0$ 及 $x=l$,由于这两端是固定的,所以在这两点位移为零,即

$$u\big|_{x=0}=u\big|_{x=l}=0.$$

现在的问题是要找出初值条件,已知在初始时刻弦上 $x=c$ 受到一个冲量 k,利用动量原理(动量的改变等于冲量)知,这个条件就相当于在这点给了一个初速度.为了清楚起见,我们考虑以 c 点为中心、长为 2δ 的一小段弦$(c-\delta,c+\delta)$,设弦是均匀的,其线密度为 ρ,则这一小段弦的质量为 $2\delta\rho$.在受冲击之前弦的速度为零,受冲击时速度为$\left.\dfrac{\partial u}{\partial t}\right|_{t=0}$,所以由动量原理得

$$2\delta\rho\left.\frac{\partial u}{\partial t}\right|_{t=0}=k,\quad c-\delta\leqslant x\leqslant c+\delta,$$

在这个小段以外，初速度仍为零.我们的问题并不是在这一小段上受到冲击，而是在一点 $x=c$ 处受到冲击，所以最后还要令 $\delta\to 0$.此外，显然弦是没有初位移的，即 $u\big|_{t=0}=0$.于是初值条件为

$$u\big|_{t=0}=0,\quad 0\leqslant x\leqslant l,$$

$$\left.\frac{\partial u}{\partial t}\right|_{t=0}=\begin{cases}\dfrac{k}{2\delta\rho}, & |x-c|\leqslant\delta,\\[2ex] 0, & |x-c|>\delta.\end{cases}\qquad(\delta\to 0)$$

求解这个问题时，先固定 δ 把解找出来，这样的解当然依赖于 δ，再令 $\delta\to 0$ 所得的极限函数就是原问题的解.

如果利用教材 § 3.3 中的 δ 函数，则上述第二个初值条件可表示为

$$\left.\frac{\partial u}{\partial t}\right|_{t=0}=\frac{k}{\rho}\delta(x-c),\quad 0\leqslant x\leqslant l.$$

3. 有一均匀杆，只要杆中任一小段有纵向位移或速度，必导致邻段的压缩或伸长，这种伸缩传开去，就有纵波沿着杆传播.试推导杆的纵振动方程.

这个问题是要建立杆作纵向振动时位移所满足的微分方程.设 $u(x,t)$ 表示杆上 x 点在时刻 t 的位移，ρ 表示杆的密度，我们来考察杆内任一小段 $(x,x+\Delta x)$ 的运动情况（如图 2.1）.以 $F(x,t)$ 表示杆上 x 点在 t 时刻的弹性应力，这个力就是单位横截面两方相互作用力，由**胡克（Hooke）定律**，它与 x 点处的应变（相对伸长或缩短）成正比，其比值就是杨氏（Young）模量 E，现在的问题就是要确定应变的表达式.t 时刻在 x 点处的位移为 $u(x,t)$，$x+\Delta x$ 点处的位移为

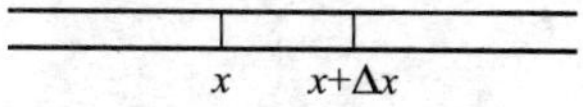

x　$x+\Delta x$

图 2.1

$$u(x+\Delta x,t)\approx u(x,t)+\mathrm{d}u=u(x,t)+\frac{\partial u}{\partial x}\mathrm{d}x,$$

因此小段 $(x,x+\Delta x)$ 的伸长（压缩）近似为 $\mathrm{d}u=\dfrac{\partial u}{\partial x}\mathrm{d}x$，其相对伸长（压缩）近似为 $\dfrac{\partial u}{\partial x}$.确切地说，$x$ 点处的应变为 $u_x(x,t)$，$x+\Delta x$ 处的应变为 $u_x(x+\Delta x,t)$，所以小段所受的应力为

$$F(x+\Delta x,t)-F(x,t)=Eu_x(x+\Delta x,t)-Eu_x(x,t).$$

利用牛顿（Newton）第二定律可得小段 $(x,x+\Delta x)$ 的运动方程为

$$\rho(S\Delta x)\frac{\partial^2 u}{\partial t^2}\approx ESu_x(x+\Delta x,t)-ESu_x(x,t),$$

其中 S 是杆的横截面积.以 Δx 除上式两端并令 $\Delta x\to 0$ 可得

$$\rho\frac{\partial^2 u}{\partial t^2}=E\frac{\partial^2 u}{\partial x^2}$$

或

$$\frac{\partial^2 u}{\partial t^2}=a^2\frac{\partial^2 u}{\partial x^2},$$

其中 $a^2=\frac{E}{\rho}$,a 仍表示纵振动在杆中的传播速度.上面的方程表明杆的纵振动方程和弦的横振动方程是一样的.

4. 一均匀杆原长为 l,一端固定,另一端沿杆的轴线方向被拉长 e 而静止,突然放手任其振动,试建立振动方程与定解条件.

这是一个杆的纵振动问题,由上一题知振动方程为

$$\frac{\partial^2 u}{\partial t^2}=a^2\frac{\partial^2 u}{\partial x^2},\quad 0<x<l,t>0.$$

现在的问题是要写出定解条件.先看边界条件,设固定端在 x=0 点,则有

$$u\big|_{x=0}=0,\quad t>0.$$

另外,放手后 $x=l$ 端就是自由端了,即在振动过程中这一端不受任何外力的作用,故

$$\left.\frac{\partial u}{\partial x}\right|_{x=l}=0,\quad t>0.$$

再考虑初值条件,因为弦是由静止状态开始振动的,故初速度为零,即

$$\left.\frac{\partial u}{\partial t}\right|_{t=0}=0,\quad 0\leqslant x\leqslant l.$$

开始时整个杆被纵向拉长 e,则单位长度杆的伸长为$\frac{e}{l}$,x 点处的位移(伸长)应为$\frac{e}{l}x$,即

$$u\big|_{t=0}=\frac{e}{l}x,\quad 0\leqslant x\leqslant l.$$

第 5,6 两题是验证题,只要对所给的函数表达式求出方程中要求的偏导

数,然后代入方程即可.

§ 2.2　分离变量法

2.2.1　内容的评述

分离变量法是求解线性定解问题的一个常用的方法,一个偏微分方程中至少有两个自变量,分离变量的意思就是通过把解中自变量分离开来的办法(即把解写成几个只包含一个自变量的函数的乘积的形式),把原来的偏微分方程及边界条件化成几个常微分方程的边值问题.要想做到这一点,其前提条件是:原来的偏微分方程及边界条件都是齐次的.通过解这几个常微分方程的边值问题(其中最主要的是特征值问题)就可以得到原来方程的无穷多个满足边界条件且变量已分离的特解,再把所有的特解叠加起来得到一个无穷级数并利用初值条件(或没有用过的边界条件)决定出其中的系数,就得到了原定解问题的形式解.

使用分离变量法时有两个关键的问题需要回答:第一,把解写成上述无穷级数形式是否可能、是否合理?第二,如果方程或者边界条件不是齐次的,怎么办?第一个问题是一个理论性问题,即分离变量法的理论基础问题,这个问题由二阶线性常微分方程的**特征理论**(或称为**施图姆-刘维尔(Sturm-Liouville)理论**)给出了圆满的答案,在教材的§2.6作了概述.对于第二个问题原则上讲就是要设法齐次化,特别是首先要把边界条件化成齐次的,下面将通过一个例子加以说明.例如考虑下列定解问题

$$\begin{cases}\dfrac{\partial^2 u}{\partial t^2}=a^2\dfrac{\partial^2 u}{\partial x^2}+f(x,t), & 0<x<l,t>0,\\ u\big|_{x=0}=0,u_x\big|_{x=l}=\sin \omega t, & t>0,\\ u\big|_{t=0}=\varphi(x),u_t\big|_{t=0}=\psi(x), & 0\leqslant x\leqslant l.\end{cases}$$

这个问题的特点是:方程与边界条件都是非齐次的.不论方程是否为齐次的,只要边界条件是非齐次的,都应先作未知函数的代换使对新的未知函数而言,其边界条件是齐次的.为使新的方程不至于过分复杂,通常选代换时使新旧未知函数之间相差 x 的一次函数,例如设

$$v=u+Ax+B,$$

然后确定 A,B，使 v 的边界条件是齐次的.由

$$v\big|_{x=0}=u\big|_{x=0}+(Ax+B)\big|_{x=0}=0,$$

得 $B=0$，由

$$v_x\big|_{x=l}=u_x\big|_{x=l}+(Ax+B)_x\big|_{x=l}=0,$$

得 $A+\sin\omega t=0$，即 $A=-\sin\omega t$.这样一来，就得到

$$v=u-x\sin\omega t,$$

代入原定解问题得

$$\begin{cases}\dfrac{\partial^2 v}{\partial t^2}=a^2\dfrac{\partial^2 v}{\partial x^2}+f(x,t)+\omega^2 x\sin\omega t, & 0<x<l,t>0,\\ v\big|_{x=0}=0,v_x\big|_{x=l}=0, & t>0,\\ v\big|_{t=0}=\varphi(x),v_t\big|_{t=0}=\psi(x)-\omega x, & 0\leqslant x\leqslant l.\end{cases}$$

这个问题的特点是：方程是非齐次的，边界条件是齐次的.把这个问题分解为两个问题，其一是仅由强迫力（即方程中的非齐次项）所引起的振动，其二是仅由初始扰动所引起的振动，即设 $v=v_1+v_2$，其中 v_1,v_2 分别由

$$\begin{cases}\dfrac{\partial^2 v_1}{\partial t^2}=a^2\dfrac{\partial^2 v_1}{\partial x^2}+f_1(x,t), & 0<x<l,t>0,\\ v_1\big|_{x=0}=(v_1)_x\big|_{x=l}=0, & t>0,\\ v_1\big|_{t=0}=(v_1)_t\big|_{t=0}=0, & 0\leqslant x\leqslant l\end{cases}\qquad(\text{Ⅰ})$$

及

$$\begin{cases}\dfrac{\partial^2 v_2}{\partial t^2}=a^2\dfrac{\partial^2 v_2}{\partial x^2}, & 0<x<l,t>0,\\ v_2\big|_{x=0}=(v_2)_x\big|_{x=l}=0, & t>0,\\ v_2\big|_{t=0}=\varphi_1(x),(v_2)_t\big|_{t=0}=\psi_1(x), & 0\leqslant x\leqslant l\end{cases}\qquad(\text{Ⅱ})$$

确定，其中 $f_1(x,t)=f(x,t)+\omega^2 x\sin\omega t,\varphi_1(x)=\varphi(x),\psi_1(x)=\psi(x)-\omega x$.

对于问题（Ⅱ）可以用分离变量法求解，由教材 §2.1 中例 2 知，与（Ⅱ）中边界条件相对应的特征函数系为$\left\{\sin\dfrac{(2n+1)\pi}{2l}x:n=0,1,2,\cdots\right\}$，故

$$v_2(x,t)=\sum_{n=0}^{\infty}\left(C_n\cos\frac{(2n+1)\pi a}{2l}t+\right.$$

$$D_n \sin \frac{(2n+1)\pi a}{2l} t \Big) \sin \frac{(2n+1)\pi}{2l} x,$$

其中系数 C_n, D_n 由初值数据 $\varphi_1(x)$ 与 $\psi_1(x)$ 确定.

有了(Ⅱ)中的特征函数系以后,就可以来求解(Ⅰ)了,主要方法是将解 $v_1(x,t)$ 及自由项 $f_1(x,t)$ 都按特征函数系展开,即设

$$v_1(x,t) = \sum_{n=0}^{\infty} u_n(t) \sin \frac{(2n+1)\pi}{2l} x,$$

$$f_1(x,t) = \sum_{n=0}^{\infty} f_n(t) \sin \frac{(2n+1)\pi}{2l} x,$$

其中 $f_n(t)$ 是已知函数, $u_n(t)$ 是待定函数.将上述展开式代入(Ⅰ)可得关于 $u_n(t)$ 的初值问题:

$$\begin{cases} u_n''(t) + \left(\dfrac{(2n+1)a\pi}{2l}\right)^2 u_n(t) = f_n(t), \quad n = 0,1,2,\cdots, \\ u_n(0) = u_n'(0) = 0. \end{cases}$$

利用二阶线性常系数微分方程的解法可得 $u_n(t)$,从而得到 $v_1(x,t)$.于是,原定解问题的解就是

$$u(x,t) = x\sin \omega t + v_1(x,t) + v_2(x,t).$$

需要特别强调的是,如果边界条件(不论是哪一类)是常数,方程中的自由项只是 x 的函数,则可以通过未知函数的代换同时将边界条件和方程都化成齐次的,这样一来问题就变简单多了.例如,若前述的定解问题换为

$$\begin{cases} \dfrac{\partial^2 u}{\partial t^2} = a^2 \dfrac{\partial^2 u}{\partial x^2} + f(x), & 0 < x < l, t > 0, \\ u \big|_{x=0} = A, u_x \big|_{x=l} = B, & t > 0, \\ u \big|_{t=0} = \varphi(x), u_t \big|_{t=0} = \psi(x), & 0 \leqslant x \leqslant l, \end{cases}$$

其中 A, B 为常数.令

$$v(x,t) = u(x,t) + w(x),$$

选 $w(x)$ 使

$$\begin{cases} a^2 w''(x) + f(x) = 0, \quad 0 < x < l, \\ w(0) = A, w_x(l) = B, \end{cases}$$

则关于 v 的定解问题就是齐次方程齐次边界条件的问题,直接可以用分离变

量法求解.

分离变量法不仅用于直角坐标系,还可用于其他坐标系,如极坐标系、柱坐标系、球坐标系等.到底选用哪种坐标系要看所考虑区域的形状,总的原则是:在所选用的坐标系内区域的边界能用最简单的方程来表述,这里所讲的"最简单"的意思就是方程中只含一个自变量.例如对中心在原点、半径为 R 的圆形区域 Ω,在直角坐标系内其边界 $\partial\Omega$ 的方程为 $x^2+y^2=R^2$,比较复杂.若在极坐标系内考虑,$\partial\Omega$ 的方程为 $\rho=R$,这个方程只含有一个自变量.

2.2.2 习题的启示与解答

1. 设弦的两端固定于 $x=0$ 及 $x=l$,弦的初始位移如图 2.2 所示,初速度为零,又没有外力作用,求弦作横向振动时的位移函数 $u(x,t)$.

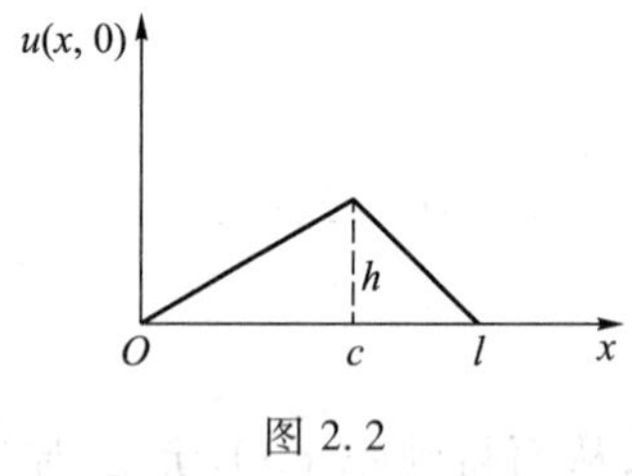

图 2.2

要解这个问题,首先要写出初始位移 $u(x,0)$,由图 2.2 知,它由两个直线段组成,在 $[0,c]$ 内的直线段由两点 $(0,0)$ 与 (c,h) 确定,在 $[c,l]$ 内的直线段由 (c,h) 与 $(l,0)$ 确定,利用解析几何中直线的两点式可得

$$u(x,0)=\begin{cases}\dfrac{h}{c}x, & 0\leqslant x\leqslant c,\\ -\dfrac{h}{l-c}(x-l), & c<x\leqslant l.\end{cases}$$

所要求解的问题是

$$\begin{cases}\dfrac{\partial^2 u}{\partial t^2}=a^2\dfrac{\partial^2 u}{\partial x^2}, & 0<x<l,t>0,\\ u\big|_{x=0}=u\big|_{x=l}=0, & t>0,\\ u\big|_{t=0}=\begin{cases}\dfrac{h}{c}x, & 0\leqslant x\leqslant c,\\ -\dfrac{h}{l-c}(x-l), & c<x\leqslant l,\end{cases}\\ u_t\big|_{t=0}=0, & 0\leqslant x\leqslant l.\end{cases}$$

利用教材 §2.1 中的方法得到解

$$u(x,t)=\sum_{n=1}^{\infty}\left(C_n\cos\frac{n\pi a}{l}t+D_n\sin\frac{n\pi a}{l}t\right)\sin\frac{n\pi}{l}x.$$

由初值条件可得

$$D_n = 0, \quad n = 1,2,\cdots,$$

$$\sum_{n=1}^{\infty} C_n \sin \frac{n\pi}{l}x = \begin{cases} \dfrac{h}{c}x, & 0 \leqslant x \leqslant c, \\ -\dfrac{h}{l-c}(x-l), & c < x \leqslant l, \end{cases}$$

即 C_n 是右端函数的傅里叶系数:

$$C_n = \frac{2}{l}\left[\int_0^c \frac{h}{c}x\sin\frac{n\pi}{l}x\mathrm{d}x + \int_c^l -\frac{h}{l-c}(x-l)\sin\frac{n\pi}{l}x\mathrm{d}x\right],$$

再用分部积分法得

$$C_n = \frac{2hl^2}{c(l-c)n^2\pi^2}\sin\frac{n\pi c}{l}.$$

把 C_n, D_n 代入 $u(x,t)$ 的表达式中,得到所求的解为

$$u(x,t) = \frac{2hl^2}{\pi^2 c(l-c)}\sum_{n=1}^{\infty}\frac{1}{n^2}\sin\frac{n\pi c}{l}\cos\frac{n\pi a}{l}t\sin\frac{n\pi}{l}x.$$

这个题的难点有两个,一个是要写出 $u(x,0)$ 的表达式,另一个就是求一个分段表示的函数的傅里叶系数.

2. 就下列初值条件及边界条件解弦振动方程

$$u(x,0) = 0, \qquad 0 \leqslant x \leqslant l,$$

$$\frac{\partial u(x,0)}{\partial t} = x(l-x), \quad 0 \leqslant x \leqslant l,$$

$$u(0,t) = u(l,t) = 0, \quad t > 0.$$

这个题不应该有困难,因为边界条件是第一类齐次边界条件,可以直接用分离变量法来做.

首先写出定解问题:

$$\begin{cases} u_{tt} = a^2 u_{xx}, & 0 < x < l, t > 0, \\ u\big|_{x=0} = u\big|_{x=l} = 0, & t > 0, \\ u\big|_{t=0} = 0, \quad u_t\big|_{t=0} = x(l-x), & 0 \leqslant x \leqslant l. \end{cases}$$

同上题,解可表示为

$$u(x,t)=\sum_{n=1}^{\infty}\left(C_n\cos\frac{n\pi a}{l}t+D_n\sin\frac{n\pi a}{l}t\right)\sin\frac{n\pi}{l}x.$$

利用初值条件得

$$C_n=0,$$

$$D_n=\frac{2}{n\pi a}\int_0^l x(l-x)\sin\frac{n\pi}{l}x\mathrm{d}x=\frac{4l^3}{n^4\pi^4 a}[1-(-1)^n].$$

所以解为

$$u(x,t)=\frac{4l^3}{\pi^4 a}\sum_{n=1}^{\infty}\frac{1-(-1)^n}{n^4}\sin\frac{n\pi a}{l}t\sin\frac{n\pi}{l}x.$$

3. 就下列初值条件及边界条件解弦振动方程

$$u\big|_{t=0}=\begin{cases}x, & 0\leqslant x\leqslant\dfrac{1}{2},\\[2mm] 1-x, & \dfrac{1}{2}<x\leqslant 1,\end{cases}$$

$$\left.\frac{\partial u}{\partial t}\right|_{t=0}=x(x-1),\quad 0\leqslant x\leqslant 1,$$

$$u\big|_{x=0}=u\big|_{x=1}=0,\quad t>0.$$

这个题也是直接用分离变量法,要注意的是初始位移是一个分段表示的函数,在确定系数时应进行分段积分.

由于两个边界条件仍是第一类齐次的,故特征函数族仍是 $\left\{\sin\dfrac{n\pi}{l}x:n=1,2,\cdots\right\}$,本题中 $l=1$.解可写成

$$u(x,t)=\sum_{n=1}^{\infty}(C_n\cos n\pi at+D_n\sin n\pi at)\sin n\pi x.$$

由初值条件得

$$C_n=2\left[\int_0^{\frac{1}{2}}x\sin n\pi x\mathrm{d}x+\int_{\frac{1}{2}}^{1}(1-x)\sin n\pi x\mathrm{d}x\right]=\frac{4}{n^2\pi^2}\sin\frac{n\pi}{2},$$

$$D_n=\frac{2}{n\pi a}\int_0^1 x(x-1)\sin n\pi x\mathrm{d}x=\frac{4}{n^4\pi^4 a}[(-1)^n-1].$$

故解为

$$u(x,t)=\sum_{n=1}^{\infty}\left\{\frac{4}{n^2\pi^2}\sin\frac{n\pi}{2}\cos n\pi at+\frac{4}{n^4\pi^4 a}[(-1)^n-1]\sin n\pi at\right\}\sin n\pi x.$$

4. 解出习题一中第2题.

这个定解问题我们在本书§2.1内已经描述过了,它就是

$$\begin{cases}\dfrac{\partial^2 u}{\partial t^2}=a^2\dfrac{\partial^2 u}{\partial x^2}, & 0<x<l,t>0,\\ u|_{x=0}=u|_{x=l}=0, & t>0,\\ u|_{t=0}=0, & 0\leqslant x\leqslant l,\\ \dfrac{\partial u}{\partial t}\bigg|_{t=0}=\begin{cases}\dfrac{k}{2\delta\rho}, & |x-c|\leqslant\delta,\\ 0, & |x-c|>\delta\end{cases} & (\delta\to 0).\end{cases}$$

这个问题的特点就是要增加一个极限过程,即在求傅里叶系数时,先在区间 $[c-\delta,c+\delta]$ 上算积分,然后令 $\delta\to 0$ 取极限.

如果用δ函数,上述初始速度可表示为

$$\frac{\partial u}{\partial t}\bigg|_{t=0}=\frac{k}{\rho}\delta(x-c).$$

下面我们就用这个表达式把解求出来.由分离变量法可得定解问题为

$$u(x,t)=\sum_{n=1}^{\infty}\left(C_n\cos\frac{n\pi a}{l}t+D_n\sin\frac{n\pi a}{l}t\right)\sin\frac{n\pi}{l}x,$$

由

$$u|_{t=0}=0=\sum_{n=1}^{\infty}C_n\sin\frac{n\pi}{l}x,$$

$$\frac{\partial u}{\partial t}\bigg|_{t=0}=\frac{k}{\rho}\delta(x-c)=\sum_{n=1}^{\infty}\frac{n\pi a}{l}D_n\sin\frac{n\pi}{l}x,$$

得

$$C_n=0,\quad n=1,2,\cdots,$$

$$D_n=\frac{2}{l}\frac{l}{n\pi a}\int_0^l\frac{k}{\rho}\delta(x-c)\sin\frac{n\pi}{l}x\mathrm{d}x.$$

利用 δ 函数的定义得

$$D_n = \frac{2k}{n\pi a\rho}\sin\frac{n\pi c}{l},\quad n = 1,2,\cdots.$$

所以最后得

$$u(x,t) = \frac{2k}{a\rho\pi}\sum_{n=1}^{\infty}\frac{1}{n}\sin\frac{n\pi c}{l}\sin\frac{n\pi a}{l}t\sin\frac{n\pi}{l}x.$$

如果不用 δ 函数,由初始速度的表达式知

$$\begin{aligned}D_n &= \frac{2}{n\pi a}\lim_{\delta\to 0}\int_{c-\delta}^{c+\delta}\frac{k}{2\delta\rho}\sin\frac{n\pi}{l}x\mathrm{d}x\\ &= \frac{lk}{n^2\pi^2 a\rho}\lim_{\delta\to 0}\frac{1}{\delta}2\sin\frac{n\pi c}{l}\sin\frac{n\pi\delta}{l}\\ &= \frac{2k}{n\pi a\rho}\sin\frac{n\pi c}{l}\quad\left(\text{这里用了}\lim_{x\to 0}\frac{\sin x}{x} = 1\right).\end{aligned}$$

所得结果是一样的.

5. 试求适合于下列初值条件及边界条件的一维热传导方程的解:

$$u\big|_{t=0} = x(l-x),\quad 0\leqslant x\leqslant l,$$

$$u\big|_{x=0} = u\big|_{x=l} = 0,\quad t > 0.$$

这个问题的边界条件是齐次的,而且都是第一类的,直接用分离变量法求解.只要是第一类边界条件,不论是热传导方程还是波动方程,它们的特征函数系是一样的,因为特征函数只由方程中关于 x 的导数项及边界条件来确定,所以通过分离变量后得到特征函数系为$\left\{\sin\frac{n\pi}{l}x:n=1,2,\cdots\right\}$.一维热传导方程和一维波动方程的差别在于方程中关于 t 的导数项不同,所以分离变量后得到的 $T(t)$ 的方程就不一样.对波动方程得到

$$T''(t) + a^2\lambda T(t) = 0,$$

它的通解是

$$T(t) = C\cos a\sqrt{\lambda}t + D\sin a\sqrt{\lambda}t.$$

对于热传导方程得到

$$T'(t) + a^2\lambda T(t) = 0,$$

它的通解为

$$T(t) = C\mathrm{e}^{-a^2\lambda t}.$$

上面的 λ 应该用特征值代替.

下面把求解的过程简要地写出来：

利用边界条件得特征值 $\lambda_n=\dfrac{n^2\pi^2}{l^2}(n=1,2,\cdots)$ 以及特征函数系 $\left\{\sin\dfrac{n\pi}{l}x;n=1,2,\cdots\right\}$.解方程 $T'(t)+\dfrac{a^2n^2\pi^2}{l^2}T(t)=0$ 得

$$T_n(t)=A_n e^{-\left(\frac{n\pi a}{l}\right)^2 t},$$

故解可表示为

$$u(x,t)=\sum_{n=1}^{\infty}C_n e^{-\left(\frac{n\pi a}{l}\right)^2 t}\sin\frac{n\pi}{l}x.$$

利用初值条件知

$$C_n=\frac{2}{l}\int_0^l x(l-x)\sin\frac{n\pi}{l}x\mathrm{d}x=\frac{4l^2}{n^3\pi^3}[1-(-1)^n],$$

所以

$$u(x,t)=\frac{4l^2}{\pi^3}\sum_{n=1}^{\infty}\frac{1-(-1)^n}{n^3}e^{-\left(\frac{n\pi a}{l}\right)^2 t}\sin\frac{n\pi}{l}x.$$

6. 解一维热传导方程,其初值条件及边界条件为

$$u\big|_{t=0}=x,\quad 0\leqslant x\leqslant l,$$

$$\left.\frac{\partial u}{\partial x}\right|_{x=0}=0,\quad \left.\frac{\partial u}{\partial x}\right|_{x=l}=0,\quad t>0.$$

这个问题的边界条件是齐次的,故可直接用分离变量法,与前面的习题不同的是两个边界条件都是第二类的.通过分离变量得到特征值问题

$$X''(x)+\lambda X(x)=0,$$
$$X'(0)=X'(l)=0.$$

由此可得特征值与特征函数为

$$\lambda_n=\frac{n^2\pi^2}{l^2},\quad n=0,1,2,\cdots,$$

$$X_n(x)=\cos\frac{n\pi}{l}x,\quad n=0,1,2,\cdots.$$

剩下的部分和第一类边界条件完全一样.解可表示为

$$u(x,t)=\frac{C_0}{2}+\sum_{n=1}^{\infty}C_n e^{-\left(\frac{n\pi a}{l}\right)^2 t}\cos\frac{n\pi}{l}x,$$

由初值条件得

$$C_n=\frac{2}{l}\int_0^l x\cos\frac{n\pi}{l}x\mathrm{d}x=\frac{2l}{n^2\pi^2}[(-1)^n-1]\quad(n=1,2,\cdots),$$

$$C_0=\frac{2}{l}\int_0^l x\mathrm{d}x=l.$$

故解为

$$u(x,t)=\frac{l}{2}+\frac{2l}{\pi^2}\sum_{n=1}^{\infty}\frac{(-1)^n-1}{n^2}e^{-\left(\frac{n\pi a}{l}\right)^2 t}\cos\frac{n\pi}{l}x.$$

7. 一根长为 l 的细杆表面绝缘,其初始温度分布如图 2.3 所示,由 $t=0$ 开始两端温度保持于 0℃,求杆上温度分布.

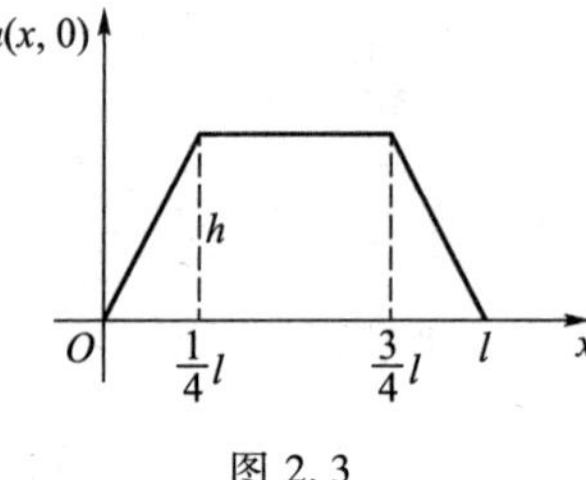

图 2.3

对这个题目,首先要把初始温度的表达式写出来.按图示,$u(x,0)$ 由三段线段组成,在 $\left[0,\frac{1}{4}l\right]$ 及 $\left[\frac{3}{4}l,l\right]$ 上用直线的两点式方程把它们写出来,在 $\left[\frac{1}{4}l,\frac{3}{4}l\right]$ 上它是水平线段,

$$u(x,0)=\begin{cases}\dfrac{4h}{l}x, & 0\leqslant x\leqslant\dfrac{1}{4}l,\\ h, & \dfrac{1}{4}l<x\leqslant\dfrac{3}{4}l,\\ -\dfrac{4h}{l}(x-l), & \dfrac{3}{4}l<x\leqslant l.\end{cases}$$

把定解问题写出来:

$$\frac{\partial u}{\partial t}=a^2\frac{\partial^2 u}{\partial x^2},\quad 0<x<l,t>0,$$

$$u\big|_{x=0}=u\big|_{x=l}=0,\quad t>0,$$

$$u\big|_{t=0}=\begin{cases}\dfrac{4h}{l}x, & 0\leqslant x\leqslant\dfrac{l}{4},\\[2ex] h, & \dfrac{l}{4}<x\leqslant\dfrac{3l}{4},\\[2ex] -\dfrac{4h}{l}(x-l), & \dfrac{3l}{4}<x\leqslant l.\end{cases}$$

因为是第一类齐次边界条件,故解可表示为

$$u(x,t)=\sum_{n=1}^{\infty}C_n\mathrm{e}^{-\left(\frac{n\pi a}{l}\right)^2t}\sin\frac{n\pi}{l}x,$$

其中

$$C_n=\frac{2}{l}\left[\int_0^{\frac{l}{4}}\frac{4h}{l}x\sin\frac{n\pi}{l}x\mathrm{d}x+\int_{\frac{l}{4}}^{\frac{3l}{4}}h\sin\frac{n\pi}{l}x\mathrm{d}x+\int_{\frac{3}{4}l}^{l}-\frac{4h}{l}(x-l)\sin\frac{n\pi}{l}x\mathrm{d}x\right]$$

$$=\frac{8h}{n^2\pi^2}\left(\sin\frac{n\pi}{4}+\sin\frac{3n\pi}{4}\right).$$

把 C_n 代入 $u(x,t)$ 中得解

$$u(x,t)=\frac{8h}{\pi^2}\sum_{n=1}^{\infty}\frac{1}{n^2}\left(\sin\frac{n\pi}{4}+\sin\frac{3n\pi}{4}\right)\mathrm{e}^{-\left(\frac{n\pi a}{l}\right)^2t}\sin\frac{n\pi}{l}x.$$

8. 试解出具有放射衰变的热传导方程

$$\frac{\partial^2u}{\partial x^2}-a^2\frac{\partial u}{\partial t}+A\mathrm{e}^{-\alpha x}=0,\quad 0<x<l,t>0,$$

已知边界条件为

$$u\big|_{x=0}=0,\ u\big|_{x=l}=0,\quad t>0,$$

初值条件为

$$u\big|_{t=0}=T\text{（常数）},\quad 0\leqslant x\leqslant l.$$

这个问题的特点是非齐次方程具有齐次边界条件,而且方程中的非齐次项只依赖于 x.可用两种方法求解.

方法 1　按照前面的评述,这个问题可以分成两个定解问题:

$$\begin{cases}\dfrac{\partial^2 u_1}{\partial x^2}-a^2\dfrac{\partial u_1}{\partial t}+A\mathrm{e}^{-\alpha x}=0, & 0<x<l,t>0,\\ u_1\big|_{x=0}=u_1\big|_{x=l}=0, & t>0,\\ u_1\big|_{t=0}=0, & 0\leqslant x\leqslant l\end{cases}\qquad (\text{Ⅰ})$$

及

$$\begin{cases}\dfrac{\partial^2 u_2}{\partial x^2}-a^2\dfrac{\partial u_2}{\partial t}=0, & 0<x<l,t>0,\\ u_2\big|_{x=0}=u_2\big|_{x=l}=0, & t>0,\\ u_2\big|_{t=0}=T, & 0\leqslant x\leqslant l.\end{cases}\qquad (\text{Ⅱ})$$

对问题(Ⅱ)用分离变量法得

$$u_2(x,t)=\sum_{n=1}^{\infty}C_n\mathrm{e}^{-\left(\frac{n\pi}{al}\right)^2 t}\sin\frac{n\pi}{l}x.$$

代入初值条件得

$$T=\sum_{n=1}^{\infty}C_n\sin\frac{n\pi}{l}x,$$

由此得

$$C_n=\frac{2}{l}\int_0^l T\sin\frac{n\pi}{l}x\mathrm{d}x=\frac{2T}{n\pi}[1-(-1)^n],$$

故

$$u_2(x,t)=\sum_{n=1}^{\infty}\frac{2T}{n\pi}[1-(-1)^n]\mathrm{e}^{-\left(\frac{n\pi}{al}\right)^2 t}\sin\frac{n\pi}{l}x.$$

对问题(Ⅰ)可用特征函数展开法.先将 $A\mathrm{e}^{-\alpha x}$ 按 $\left\{\sin\frac{n\pi}{l}x\right\}$ 展开,令

$$A\mathrm{e}^{-\alpha x}=\sum_{n=1}^{\infty}A_n\sin\frac{n\pi}{l}x,$$

则

$$A_n=\frac{2}{l}\int_0^l A\mathrm{e}^{-\alpha x}\sin\frac{n\pi}{l}x\mathrm{d}x=\frac{2An\pi[1-(-1)^n\mathrm{e}^{-\alpha l}]}{n^2\pi^2+\alpha^2 l^2},$$

即

$$A\mathrm{e}^{-\alpha x}=\sum_{n=1}^{\infty}\frac{2An\pi[1-(-1)^n\mathrm{e}^{-\alpha l}]}{n^2\pi^2+\alpha^2 l^2}\sin\frac{n\pi}{l}x.$$

再将解 $u_1(x,t)$ 按 $\left\{\sin\dfrac{n\pi}{l}x\right\}$ 展开，令

$$u_1(x,t)=\sum_{n=1}^{\infty}D_n(t)\sin\frac{n\pi}{l}x,$$

代入（Ⅰ）中方程及初值条件得

$$a^2D_n'(t)+\frac{n^2\pi^2}{l^2}D_n(t)=\frac{2An\pi[1-(-1)^n\mathrm{e}^{-\alpha l}]}{n^2\pi^2+\alpha^2l^2},\quad t>0,$$

$$D_n(0)=0,$$

由此可得

$$D_n(t)=\frac{2Al^2[1-(-1)^n\mathrm{e}^{-\alpha l}]}{n\pi(n^2\pi^2+\alpha^2l^2)}\left(1-\mathrm{e}^{-\left(\frac{n\pi}{al}\right)^2t}\right).$$

故

$$u_1(x,t)=\sum_{n=1}^{\infty}\frac{2Al^2[1-(-1)^n\mathrm{e}^{-\alpha l}]}{n\pi(n^2\pi^2+\alpha^2l^2)}\left(1-\mathrm{e}^{-\left(\frac{n\pi}{al}\right)^2t}\right)\sin\frac{n\pi}{l}x,$$

原来问题的解就是 $u(x,t)=u_1(x,t)+u_2(x,t)$.

方法 2 由于方程中自由项及边界条件都与 t 无关，故可作一个代换将方程化成齐次的，并保持边界条件仍是齐次的，即令

$$u(x,t)=v(x,t)+w(x),$$

代入原问题得

$$\begin{cases}\dfrac{\partial^2v}{\partial x^2}+w''(x)-a^2\dfrac{\partial v}{\partial t}+A\mathrm{e}^{-\alpha x}=0, & 0<x<l,t>0,\\ v|_{x=0}+w(0)=0,v|_{x=l}+w(l)=0, & t>0,\\ v|_{t=0}+w(x)=T, & 0\leqslant x\leqslant l.\end{cases}$$

选 $w(x)$ 使得

$$\begin{cases}w''(x)+A\mathrm{e}^{-\alpha x}=0, & 0<x<l,\\ w(0)=w(l)=0,\end{cases}$$

由此可得

$$w(x)=\frac{A}{\alpha^2l}(\mathrm{e}^{-\alpha l}-1)x-\frac{A}{\alpha^2}\mathrm{e}^{-\alpha x}+\frac{A}{\alpha^2}.$$

然后再用分离变量法解

$$\begin{cases}\dfrac{\partial^2 v}{\partial x^2}-a^2\dfrac{\partial v}{\partial t}=0, & 0<x<l,t>0,\\ v\big|_{x=0}=v\big|_{x=l}=0, & t>0,\\ v\big|_{t=0}=T-w(x), & 0\leqslant x\leqslant l,\end{cases}$$

其中 $w(x)$ 如上所示.

9. 求定解问题:

$$\begin{cases}\dfrac{\partial u}{\partial t}=a^2\dfrac{\partial^2 u}{\partial x^2}+A, & 0<x<l,t>0,\\ u\big|_{x=0}=u\big|_{x=l}=0, & t>0,\\ u\big|_{t=0}=0, & 0\leqslant x\leqslant l\end{cases}$$

的解.

这个问题的特点是定解条件是齐次的,而方程中含有一个不依赖于 x,t 的自由项(特别要注意它不依赖于 t).利用代换

$$u(x,t)=v(x,t)+w(x),$$

并选 $w(x)$ 满足

$$\begin{cases}a^2w''(x)+A=0, & 0<x<l,\\ w(0)=w(l)=0,\end{cases}$$

可将原问题化成可直接用分离变量求解的形式.

事实上,易求得

$$w(x)=-\frac{A}{2a^2}(x^2-lx).$$

利用上述代换知,$v(x,t)$ 满足

$$\begin{cases}\dfrac{\partial v}{\partial t}=a^2\dfrac{\partial^2 v}{\partial x^2}, & 0<x<l,t>0,\\ v\big|_{x=0}=v\big|_{x=l}=0, & t>0,\\ v\big|_{t=0}=\dfrac{A}{2a^2}(x^2-lx), & 0\leqslant x\leqslant l.\end{cases}$$

由此可得

$$v(x,t)=\sum_{n=1}^{\infty}C_n\mathrm{e}^{-\left(\frac{n\pi a}{l}\right)^2t}\sin\frac{n\pi}{l}x,$$

利用初值条件确定 C_n 为

$$C_n=\frac{2}{l}\int_0^l\frac{A}{2a^2}(x^2-lx)\sin\frac{n\pi}{l}x\mathrm{d}x=\frac{2Al^2}{n^3\pi^3a^2}[(-1)^n-1].$$

最后得

$$u(x,t)=-\frac{A}{2a^2}(x^2-lx)+\frac{2Al^2}{a^2\pi^3}\sum_{n=1}^{\infty}\frac{(-1)^n-1}{n^3}\mathrm{e}^{-\left(\frac{n\pi a}{l}\right)^2t}\sin\frac{n\pi}{l}x.$$

此外,这个问题也可以用按特征函数展开法求解,由边界条件可知特征函数系为$\left\{\sin\frac{n\pi}{l}x:n=1,2,\cdots\right\}$.把自由项 A 按特征函数系展开得

$$A=\frac{2A}{\pi}\sum_{n=1}^{\infty}\frac{1-(-1)^n}{n}\sin\frac{n\pi}{l}x.$$

再把解 $u(x,t)$ 表示成

$$u(x,t)=\sum_{n=1}^{\infty}T_n(t)\sin\frac{n\pi}{l}x,$$

将上述两个展开式代入方程和初值条件得

$$\begin{cases}T_n'(t)+\left(\frac{n\pi a}{l}\right)^2T_n(t)=\frac{2A}{n\pi}[1-(-1)^n],\\T_n(0)=0.\end{cases}$$

解此方程得

$$T_n(t)=\frac{2Al^2[(-1)^n-1]}{a^2\pi^3n^3}\left[\mathrm{e}^{-\left(\frac{n\pi a}{l}\right)^2t}-1\right].$$

代入 $u(x,t)$ 的表达式得

$$u(x,t)=\frac{2Al^2}{a^2\pi^3}\sum_{n=1}^{\infty}\frac{(-1)^n-1}{n^3}\left[\mathrm{e}^{-\left(\frac{n\pi a}{l}\right)^2t}-1\right]\sin\frac{n\pi}{l}x.$$

这个表达式和前面用未知函数代换方法所得的解其实是一样的,只要把函数 $-\frac{A}{2a^2}(x^2-lx)$ 按$\left\{\sin\frac{n\pi}{l}x:n=1,2,\cdots\right\}$展开就得现在这个式子.

10. 求满足下列定解条件的一维热传导方程的解:

$$u|_{x=0}=10,\ u|_{x=l}=5,\quad t>0,$$

$$u|_{t=0}=kx,k\text{ 为常数},\qquad 0\leqslant x\leqslant l.$$

这是一维热传导问题,其特点是边界条件为非齐次的.但因为边界条件是常数,所以可以通过一个变量代换将边界条件化成齐次的,同时保持方程仍是齐次的,即令

$$u(x,t)=v(x,t)+w(x),$$

选 $w(x)$ 满足

$$\begin{cases}w''(x)=0, & 0<x<l,\\ w(0)=10,\ w(l)=5.\end{cases}$$

由此得

$$w(x)=10-\frac{5}{l}x.$$

利用这个代换得到关于 v 的定解问题为

$$\begin{cases}\dfrac{\partial v}{\partial t}=a^2\dfrac{\partial^2 v}{\partial x^2}, & 0<x<l,t>0,\\ v\big|_{x=0}=v\big|_{x=l}=0, & t>0,\\ v\big|_{t=0}=\left(k+\dfrac{5}{l}\right)x-10, & 0\leqslant x\leqslant l.\end{cases}$$

可用分离变量法解出 $v(x,t)$.令

$$v(x,t)=\sum_{n=1}^{\infty}C_n\mathrm{e}^{-\left(\frac{n\pi a}{l}\right)^2t}\sin\frac{n\pi}{l}x,$$

由初值条件得

$$\begin{aligned}C_n&=\frac{2}{l}\int_0^l\left[\left(k+\frac{5}{l}\right)x-10\right]\sin\frac{n\pi}{l}x\mathrm{d}x\\&=\frac{2}{n\pi}[(5-kl)(-1)^n-10].\end{aligned}$$

将 C_n 代入 $v(x,t)$ 得

$$v(x,t)=\frac{2}{\pi}\sum_{n=1}^{\infty}\frac{(-1)^n(5-kl)-10}{n}\mathrm{e}^{-\left(\frac{n\pi a}{l}\right)^2t}\sin\frac{n\pi}{l}x.$$

故所求定解问题的解为

$$u(x,t)=10-\frac{5}{l}x+\frac{2}{\pi}\sum_{n=1}^{\infty}\frac{(-1)^n(5-kl)-10}{n}\mathrm{e}^{-\left(\frac{n\pi a}{l}\right)^2t}\sin\frac{n\pi}{l}x.$$

11. 试确定定解问题

$$\begin{cases}\dfrac{\partial u}{\partial t}=a^2\dfrac{\partial^2 u}{\partial x^2}+f(x), & 0<x<l,t>0,\\ u\big|_{x=0}=A,u\big|_{x=l}=B, & t>0,\\ u\big|_{t=0}=g(x), & 0\leqslant x\leqslant l\end{cases}$$

的解的一般形式.

这个问题中的方程和边界条件均是非齐次的,而且方程中的自由项只依赖于 x,边界条件中的非齐次项是常数,故可通过代换将方程和边界条件同时化成齐次的,即令

$$u(x,t)=v(x,t)+w(x),$$

选 $w(x)$ 满足

$$a^2w''(x)+f(x)=0,\quad 0<x<l,$$
$$w(0)=A,\quad w(l)=B.$$

由此可得

$$w(x)=-\frac{1}{a^2}\int_0^x\mathrm{d}t\int_0^t f(\xi)\,\mathrm{d}\xi+Cx+A,$$

其中

$$C=\frac{1}{l}\left(B-A+\frac{1}{a^2}\int_0^l\mathrm{d}t\int_0^t f(\xi)\,\mathrm{d}\xi\right).$$

经过这个代换后得到关于 v 的定解问题:

$$\begin{cases}\dfrac{\partial v}{\partial t}=a^2\dfrac{\partial^2 v}{\partial x^2}, & 0<x<l,t>0,\\ v\big|_{x=0}=v\big|_{x=l}=0, & t>0,\\ v\big|_{t=0}=g(x)-w(x), & 0\leqslant x\leqslant l,\end{cases}$$

其中 $w(x)$ 由上式确定.利用分离变量法得

$$v(x,t)=\sum_{n=1}^{\infty}C_n\mathrm{e}^{-\left(\frac{n\pi a}{l}\right)^2t}\sin\frac{n\pi}{l}x,$$

其中

$$C_n=\frac{2}{l}\int_0^l[g(x)-w(x)]\sin\frac{n\pi}{l}x\mathrm{d}x.$$

故原问题的解为

$$u(x,t)=w(x)+v(x,t),$$

其中 $w(x)$ 与 $v(x,t)$ 已在上面给出.

12. 求稳恒状态下,由直线 $x=0,x=l_1,y=0,y=l_2$ 所围矩形板内各点的温度.假设在 $x=0,x=l_1$ 及 $y=0$ 三边上温度保持为0 ℃,$y=l_2$ 边上各点温度为 $\varphi(x)$,其中 $\varphi(0)=\varphi(l_1)=0$.

按题意,这个问题可归结为下列定解问题:

$$\begin{cases}\dfrac{\partial^2 u}{\partial x^2}+\dfrac{\partial^2 u}{\partial y^2}=0, & 0<x<l_1,0<y<l_2,\\ u\big|_{x=0}=u\big|_{x=l_1}=0, & 0\leqslant y\leqslant l_2,\\ u\big|_{y=0}=0,u\big|_{y=l_2}=\varphi(x), & 0\leqslant x\leqslant l_1.\end{cases}$$

这是在矩形域内求解拉普拉斯方程.因为是稳恒问题,故没有初值条件,我们可以取其中一组边界条件用于确定解的级数展开式中的系数,下面把主要过程写出来.令

$$u(x,y)=X(x)Y(y),$$

代入方程并分离变量得

$$\frac{X''}{X}=-\frac{Y''}{Y}=-\beta^2,$$

即

$$X''+\beta^2X=0,$$

$$Y''-\beta^2Y=0.$$

再由边界条件得

$$X(0)=X(l_1)=0,$$

$$Y(0)=0.$$

由 X 的方程及边界条件可得特征值与特征函数为

$$\beta_n=\frac{n\pi}{l_1},\quad X_n(x)=\sin\frac{n\pi}{l_1}x,\quad n=1,2,\cdots.$$

再由 Y 的方程得

$$Y_n(y)=C_n\mathrm{e}^{\frac{n\pi}{l_1}y}+D_n\mathrm{e}^{-\frac{n\pi}{l_1}y}\quad 及\quad C_n+D_n=0.$$

故最后得

$$u(x,y)=\sum_{n=1}^{\infty}C_n\left(\mathrm{e}^{\frac{n\pi}{l_1}y}-\mathrm{e}^{-\frac{n\pi}{l_1}y}\right)\sin\frac{n\pi}{l_1}x.$$

再利用在 $y=l_2$ 的边界条件得

$$\varphi(x)=\sum_{n=1}^{\infty}C_n\left(\mathrm{e}^{\frac{n\pi}{l_1}l_2}-\mathrm{e}^{-\frac{n\pi}{l_1}l_2}\right)\sin\frac{n\pi}{l_1}x,$$

即

$$C_n=\frac{2}{l_1\left(\mathrm{e}^{\frac{n\pi}{l_1}l_2}-\mathrm{e}^{-\frac{n\pi}{l_1}l_2}\right)}\int_0^{l_1}\varphi(x)\sin\frac{n\pi}{l_1}x\mathrm{d}x$$

$$=\frac{1}{l_1\sinh\frac{n\pi}{l_1}l_2}\int_0^{l_1}\varphi(x)\sin\frac{n\pi}{l_1}x\mathrm{d}x.$$

故

$$u(x,y)=\sum_{n=1}^{\infty}\left[\frac{2}{l_1\sinh\frac{n\pi l_2}{l_1}}\int_0^{l_1}\varphi(x)\sin\frac{n\pi}{l_1}x\mathrm{d}x\right]\sinh\frac{n\pi}{l_1}y\sin\frac{n\pi}{l_1}x.$$

13. 一半径为 a 的半圆形平板，其圆周边界上的温度保持$u(a,\theta)=T\theta(\pi-\theta)$，而直径边界上温度保持为0℃，板的侧面绝缘，试求稳恒状态下的温度分布规律 $u(\rho,\theta)$.

要解这个问题，首先要把定解问题写出来.由于求稳恒的温度分布，所以定解问题是拉普拉斯方程的边值问题.现在求解区域是半圆板，根据第一段“内容的评述”内所讲的选坐标系的原则，应取极坐标系.此外，还和教材 §2.3 一样应补充自然边界条件 $|u(0,\theta)|<+\infty$，即求解

$$\begin{cases}\dfrac{1}{\rho}\dfrac{\partial}{\partial\rho}\left(\rho\dfrac{\partial u}{\partial\rho}\right)+\dfrac{1}{\rho^2}\dfrac{\partial^2u}{\partial\theta^2}=0, & 0<\theta<\pi,0<\rho<a,\\ u(a,\theta)=T\theta(\pi-\theta), & 0<\theta<\pi,\\ u(\rho,0)=u(\rho,\pi)=0, & 0<\rho\leqslant a,\\ |u(0,\theta)|<+\infty, & 0\leqslant\theta\leqslant\pi.\end{cases}$$

剩下的问题就是用分离变量法求解了.与教材中 §2.3 所不同的是，在那里特

征函数由周期条件 $u(\rho,\theta+2\pi)=u(\rho,\theta)$ 来确定,现在只在半圆内求解,没有周期条件.但在直径边界上的条件是齐次的,可以用来确定特征值与特征函数,注意直径的方程是 $\theta=0$ 及 $\theta=\pi$.令 $u(\rho,\theta)=R(\rho)\Phi(\theta)$,经过分离变量后得到

$$\begin{cases}\Phi''(\theta)+\beta^2\Phi(\theta)=0, & 0<\theta<\pi,\\ \Phi(0)=\Phi(\pi)=0,\end{cases}$$

及

$$\begin{cases}\rho^2R''+\rho R'-\beta^2R=0, & 0<\rho<a,\\ |R(0)|<+\infty.\end{cases}$$

先解 $\Phi(\theta)$ 的方程得 $\beta=n,\Phi_n(\theta)=B_n\sin n\theta(n=1,2,\cdots)$.这里已经利用了 $\Phi_n(0)=0$.将 $\beta=n$ 代入 $R(\rho)$ 的方程得

$$\rho^2R''+\rho R'-n^2R=0,\quad 0<\rho<a.$$

这是一个欧拉方程,其通解为

$$R_n(\rho)=C'_n\rho^n+D'_n\rho^{-n}.$$

由 $|R_n(0)|<+\infty$,得 $D'_n=0$,即

$$R_n(\rho)=C'_n\rho^n,\quad n=1,2,\cdots.$$

故解为

$$u(\rho,\theta)=\sum_{n=1}^{\infty}C_n\rho^n\sin n\theta.$$

由边界条件得

$$u(a,\theta)=T\theta(\pi-\theta)=\sum_{n=1}^{\infty}C_na^n\sin n\theta$$

由此得

$$C_n=\frac{1}{a^n}\cdot\frac{2}{\pi}\int_0^{\pi}T\theta(\pi-\theta)\sin n\theta\mathrm{d}\theta=\frac{4T[1-(-1)^n]}{\pi n^3a^n}.$$

最后得解

$$u(\rho,\theta)=\frac{4T}{\pi}\sum_{n=1}^{\infty}\frac{\rho^n}{a^nn^3}[1-(-1)^n]\sin n\theta.$$

14. 一圆环形平板,内半径为 r_1,外半径为 r_2,侧面绝缘,如内圆温度保持0℃,外圆温度保持1℃,试求稳恒状态下的温度分布规律 $u(r,\theta)$.

这是在环形区域内求解拉普拉斯方程第一边值问题,与教材中§2.4的例子相比,现在的问题更简单些.由于在环形域内,$0\leqslant\theta\leqslant2\pi$,所以应该补充周期

性条件

$$u(r,\theta+2\pi)=u(r,\theta).$$

这个条件用来确定特征值与特征函数.此外,因 $r_1\leqslant r\leqslant r_2,r_1>0$,故无需在$r=0$处添加自然边界条件.因此,我们要求解问题

$$\begin{cases}\dfrac{1}{r}\dfrac{\partial}{\partial r}\left(r\dfrac{\partial u}{\partial r}\right)+\dfrac{1}{r^2}\dfrac{\partial^2 u}{\partial\theta^2}=0, & r_1<r<r_2,0\leqslant\theta\leqslant 2\pi,\\ u\big|_{r=r_1}=0,u\big|_{r=r_2}=1, & 0\leqslant\theta\leqslant 2\pi,\\ u(r,\theta+2\pi)=u(r,\theta), & r_1\leqslant r\leqslant r_2.\end{cases}$$

令 $u(r,\theta)=R(r)\Phi(\theta)$,经分离变量后得

$$\begin{cases}\Phi''+\lambda\Phi=0, & 0<\theta<2\pi,\\ \Phi(\theta+2\pi)=\Phi(\theta)\end{cases}$$

及

$$\begin{cases}r^2R''+rR'-\lambda R=0, & r_1<r<r_2,\\ R(r_1)=0.\end{cases}$$

解关于 Φ 的特征值问题得特征值

$$\lambda_0=0,\quad \lambda_n=n^2,\quad n=1,2,\cdots$$

及特征函数

$$\Phi_0(\theta)=a_0(\text{常数}),$$

$$\Phi_n(\theta)=a_n\cos n\theta+b_n\sin n\theta,\quad n=1,2,\cdots.$$

确定了特征值后再解关于 R 的方程得

$$R_0(r)=C_0+d_0\ln r,$$

$$R_n(r)=C_nr^n+d_nr^{-n},\quad n=1,2,\cdots.$$

再利用在 $r=r_1$ 处的条件得

$$C_0+d_0\ln r_1=0,$$

$$C_nr_1^n+d_nr_1^{-n}=0.$$

由此解得

$$C_0=-(\ln r_1)d_0,$$

$$C_n=-r_1^{-2n}d_n,\quad n=1,2,\cdots.$$

通过叠加原理解得

$$u(r,\theta)=D_0\ln\frac{r}{r_1}+\sum_{n=1}^{\infty}d_n(r^{-n}-r_1^{-2n}r^n)(a_n\cos n\theta+b_n\sin n\theta)$$

$$=D_0\ln\frac{r}{r_1}+\sum_{n=1}^{\infty}(r^n-r_1^{2n}r^{-n})(A_n\cos n\theta+B_n\sin n\theta).$$

下面的任务是要由在 $r=r_2$ 上的边界条件来确定系数 $D_0,A_n,B_n,n=1,2,\cdots$,即

$$1=D_0\ln\frac{r_2}{r_1}+\sum_{n=1}^{\infty}(r_2^n-r_1^{2n}r_2^{-n})(A_n\cos n\theta+B_n\sin n\theta).$$

这里不需要利用傅里叶系数的计算公式,只要比较两端的系数可得

$$D_0\ln\frac{r_2}{r_1}=1,\quad A_n=B_n=0,\quad n=1,2,\cdots.$$

故所求的解为

$$u(r,\theta)=\frac{1}{\ln\frac{r_2}{r_1}}\ln\frac{r}{r_1}.$$

上面确定系数 D_0,A_n,B_n 的过程是想告诉读者在进行傅里叶展开时应该先考察被展开函数的表达式,用尽可能简单的办法确定系数.

15. 如何解下列定解问题:

$$\begin{cases}\dfrac{\partial^2u}{\partial t^2}=a^2\dfrac{\partial^2u}{\partial x^2}+f(x), & 0<x<l,t>0,\\ u|_{x=0}=M_1(\text{常数}),u|_{x=l}=M_2(\text{常数}), & t>0,\\ u|_{t=0}=\varphi(x),\left.\dfrac{\partial u}{\partial t}\right|_{t=0}=\psi(x), & 0\leqslant x\leqslant l.\end{cases}$$

这题的特点是方程与边界条件都是非齐次的,特别是,方程中的自由项及边界条件都与 t 无关,所以可利用变量代换将方程与边界条件都化成齐次的,即令

$$u(x,t)=v(x,t)+w(x),$$

选 $w(x)$ 满足

$$\begin{cases}a^2w''(x)+f(x)=0, & 0<x<l,\\ w(0)=M_1,\ w(l)=M_2.\end{cases}$$

再用分离变量法求解关于 v 的定解问题.由于方程中自由项 $f(x)$ 及初值条件

$\varphi(x)$及$\psi(x)$都不是给定的具体函数，所以$w(x)$及傅里叶系数都不需要（也不可能）算出来.求解过程就省去了.

16. 在矩形域内求定解问题

$$\begin{cases}\Delta u=f(x,y), & 0<x<a,0<y<b,\\ u\big|_{x=0}=\varphi_1(y),u\big|_{x=a}=\varphi_2(y), & 0\leqslant y\leqslant b,\\ u\big|_{y=0}=\psi_1(x),u\big|_{y=b}=\psi_2(x), & 0\leqslant x\leqslant a\end{cases}$$

的解.

这个问题与第 12 题相比要复杂一些，主要困难在于方程与所有的边界条件都是非齐次的.要想用分离变量法求解，第一步必须先把一组边界条件化成齐次的，这里所说的一组是指或者是在$x=0$及$x=a$上的边界条件或者是在$y=0$及$y=b$上的边界条件.例如，要把在$x=0$及$x=a$上的边界条件化成齐次的，就令

$$u(x,y)=v(x,y)+w(x,y),$$

选$w(x,y)$满足

$$w\big|_{x=0}=\varphi_1(y),\quad w\big|_{x=a}=\varphi_2(y),\quad 0\leqslant y\leqslant b.$$

这样的函数很多，为了简单，我们取w是x的一次式：

$$w(x,y)=\varphi_1(y)+\frac{\varphi_2(y)-\varphi_1(y)}{a}x.$$

通过代换后得到关于v的定解问题：

$$\begin{cases}\Delta v=f_1(x,y), & 0<x<a,0<y<b,\\ v\big|_{x=0}=v\big|_{x=a}=0, & 0\leqslant y\leqslant b,\\ v\big|_{y=0}=\overline{\psi}_1(x),v\big|_{y=b}=\overline{\psi}_2(x), & 0\leqslant x\leqslant a,\end{cases}$$

其中

$$f_1(x,y)=f(x,y)-\left[\varphi''_1(y)+\frac{\varphi''_2(y)-\varphi''_1(y)}{a}x\right],$$

$$\overline{\psi}_1(x)=\psi_1(x)-\left[\varphi_1(0)+\frac{\varphi_2(0)-\varphi_1(0)}{a}x\right],$$

$$\overline{\psi}_2(x)=\psi_2(x)-\left[\varphi_1(b)+\frac{\varphi_2(b)-\varphi_1(b)}{a}x\right].$$

对 v 的定解问题可以用教材 § 2.4 中的方法来解.这里略去求解过程.

17. 在扇形区域内求定解问题

$$\begin{cases}\Delta u = 0, & 0 < \theta < \alpha, 0 < \rho < a, \\ u\big|_{\theta=0} = u\big|_{\theta=\alpha} = 0, & 0 \leqslant \rho \leqslant a, \\ u\big|_{\rho=a} = f(\theta), & 0 \leqslant \theta \leqslant \alpha\end{cases}$$

的解.

这里的方程和一组边界条件都是齐次的,可以用分离变量法求解,只要注意两点:一是区域的形状,现在的区域是扇形的,故选用极坐标系才能分离变量;二是在扇形的顶点(坐标原点)处应补充自然边界条件 $|u(0,\theta)|<\infty$.

与第 13 题相比较,若 $\alpha=\pi, f(\theta)=T\theta(\pi-\theta)$,则这个题就是第 13 题.

定解问题可利用极坐标表示为

$$\begin{cases}\dfrac{1}{\rho}\dfrac{\partial}{\partial\rho}\left(\rho\dfrac{\partial u}{\partial\rho}\right)+\dfrac{1}{\rho^2}\dfrac{\partial^2 u}{\partial\theta^2}=0, & 0 < \rho < a, 0 < \theta < \alpha, \\ u\big|_{\theta=0} = u\big|_{\theta=\alpha} = 0, & 0 < \rho < a, \\ u\big|_{\rho=a} = f(\theta), & 0 < \theta \leqslant \alpha, \\ |u(0,\theta)| < \infty. \end{cases}$$

利用分离变量法,令 $u(\rho,\theta)=R(\rho)\Phi(\theta)$,代入定解问题得

$$\begin{cases}\Phi''(\theta)+\lambda\Phi(\theta)=0, & 0<\theta<\alpha, \\ \Phi(0)=\Phi(\alpha)=0\end{cases}$$

及

$$\begin{cases}\rho^2 R''+\rho R'-\lambda R=0, \\ |R(0)|<\infty.\end{cases}$$

解 $\Phi(\theta)$ 得

$$\lambda_n=\left(\frac{n\pi}{\alpha}\right)^2, \quad \Phi_n(\theta)=B_n\sin\frac{n\pi}{\alpha}\theta \quad (n=1,2,\cdots).$$

将 λ_n 代入 R 的方程并求其解得

$$R_n(\rho)=C'_n\rho^{\frac{n\pi}{\alpha}}+D'_n\rho^{-\frac{n\pi}{\alpha}},$$

由 $|R(0)|<\infty$ 得 $D'_n=0\ (n=1,2,\cdots)$.故

$$R_n(\rho)=C'_n\rho^{\frac{n\pi}{\alpha}},\quad n=1,2,\cdots,$$

定解问题解为

$$u(\rho,\theta)=\sum_{n=1}^{\infty}C_n\rho^{\frac{n\pi}{\alpha}}\sin\frac{n\pi}{\alpha}\theta.$$

利用边界条件

$$u(a,\theta)=f(\theta)=\sum_{n=1}^{\infty}C_na^{\frac{n\pi}{\alpha}}\sin\frac{n\pi}{\alpha}\theta,$$

故

$$C_n=\frac{2}{a^{\frac{n\pi}{\alpha}}\alpha}\int_0^{\alpha}f(\theta)\sin\frac{n\pi}{\alpha}\theta\mathrm{d}\theta.$$

代入 $u(\rho,\theta)$ 得

$$u(\rho,\theta)=\sum_{n=1}^{\infty}\left[\frac{2}{\alpha}\int_0^{\alpha}f(\theta)\sin\frac{n\pi}{\alpha}\theta\mathrm{d}\theta\right]\left(\frac{\rho}{a}\right)^{\frac{n\pi}{\alpha}}\sin\frac{n\pi}{\alpha}\theta.$$

18. 在矩形区域 $0\leqslant x\leqslant a,0\leqslant y\leqslant b$ 内求拉普拉斯方程的解,使满足边界条件:

$$\begin{cases}u\big|_{x=0}=0,\quad u\big|_{x=a}=Ay,\quad 0\leqslant y\leqslant b,\\ \left.\dfrac{\partial u}{\partial y}\right|_{y=0}=0,\quad \left.\dfrac{\partial u}{\partial y}\right|_{y=b}=0,\quad 0\leqslant x\leqslant a.\end{cases}$$

这个问题中的方程是齐次的,且有一组边界条件也是齐次的,与前面的习题所不同的是:这里两个齐次边界条件均是第二类边界条件.用分离变量法,令

$$u(x,y)=X(x)Y(y),$$

代入方程与所有的齐次边界条件可得

$$\begin{cases}X''-\lambda X=0,\quad 0<x<a,\\ X(0)=0,\end{cases}\qquad (\text{Ⅰ})$$

$$\begin{cases}Y''+\lambda Y=0,\quad 0<y<b,\\ Y'(0)=Y'(b)=0.\end{cases}\qquad (\text{Ⅱ})$$

由(Ⅱ)确定特征值与特征函数.若 $\lambda=0$,得 $Y_0(y)=Ay+B$.利用边界条件知

$A=0$,即 $Y_0(y)=B$.若 $\lambda>0$,记成 $\lambda=\beta^2$,则得 $Y(y)=C_1\cos\beta y+C_2\sin\beta y$,利用边界条件得(Ⅱ)的非零解 $Y_n(y)=\cos\dfrac{n\pi}{b}y$.所以,(Ⅱ)的特征值为 $\lambda=0$ 及 $\lambda_n=\dfrac{n^2\pi^2}{b^2}\ (n=1,2,\cdots)$,特征函数为 $Y_0=B,Y_n=\cos\dfrac{n\pi}{b}y\ \ (n=1,2,\cdots)$.

将 $\lambda=0$ 及 $\lambda=\lambda_n$ 代入(Ⅰ)得

$$\begin{cases}X_0(x)=c_0x+d_0,\\X_0(0)=0\end{cases}$$

及

$$\begin{cases}X_n(x)=c_n\mathrm{e}^{\frac{n\pi}{b}x}+d_n\mathrm{e}^{-\frac{n\pi}{b}x},\quad n=1,2,\cdots,\\X_n(0)=0.\end{cases}$$

故

$$X_0(x)=c_0x,$$

$$X_n(x)=c_n\left(\mathrm{e}^{\frac{n\pi}{b}x}-\mathrm{e}^{-\frac{n\pi}{b}x}\right)=\bar{c}_n\sinh\frac{n\pi}{b}x,\quad n=1,2,\cdots.$$

利用叠加原理可得原问题的解为

$$u(x,y)=a_0x+\sum_{n=1}^{\infty}a_n\sinh\frac{n\pi}{b}x\cos\frac{n\pi}{b}y.$$

再由条件 $u\big|_{x=a}=Ay$ 得

$$Ay=a_0a+\sum_{n=1}^{\infty}a_n\sinh\frac{n\pi}{b}a\cos\frac{n\pi}{b}y.$$

将 Ay 在$[0,b]$上展成余弦的傅里叶级数并比较系数得

$$a_0=\frac{Ab}{2a},\quad a_n=\frac{2Ab[(-1)^n-1]}{n^2\pi^2\sinh\dfrac{n\pi a}{b}},\ n=1,2,\cdots.$$

故原问题的解为

$$u(x,y)=\frac{Ab}{2a}x+\sum_{n=1}^{\infty}\frac{2Ab[(-1)^n-1]}{n^2\pi^2\sinh\dfrac{n\pi a}{b}}\sinh\frac{n\pi}{b}x\cos\frac{n\pi}{b}y.$$

需要指出的是,这里用来确定特征值的边界条件都是第二类的,故 $\lambda=0$ 也是一个特征值,这一点一定要注意.

19. 把高频输电线充电到具有电压 E，然后一端短路封闭，另一端仍保持断开，求以后的电压分布.

这个题的主要困难是写出定解问题，由教材 §1.1 中的例 2 知，在高频传输的情况下，电导 G 和电阻 R 很小，取 $G=R=0$，这时电位 u 满足一维波动方程

$$\frac{\partial^2 u}{\partial t^2}=a^2\frac{\partial^2 u}{\partial x^2}.$$

剩下的问题是要把边界条件和初值条件写出来.一端短路，故电位 $u=0$，一端断开，则这端的电流 $i=0$.以 $x=0$ 表示短路端，即$u\big|_{x=0}=0$，以 $x=l$ 表示断开端，则 $i\big|_{x=l}=0$.由教材 §1.1 的(1.4)式知

$$\frac{\partial u}{\partial x}=-L\frac{\partial i}{\partial t},$$

所以

$$u_x\big|_{x=l}=0.$$

对于初值条件，由题意知

$$u\big|_{t=0}=E,$$

另一个初值条件由初始时刻电流为零及教材 §1.1 中的(1.5)式

$$\frac{\partial i}{\partial x}=-C\frac{\partial u}{\partial t},$$

得

$$u_t\big|_{t=0}=0.$$

综合上述，要求解的问题为

$$\begin{cases}\dfrac{\partial^2 u}{\partial t^2}=a^2\dfrac{\partial^2 u}{\partial x^2}, & 0<x<l,t>0,\\ u\big|_{x=0}=0,u_x\big|_{x=l}=0, & t>0,\\ u\big|_{t=0}=E,u_t\big|_{t=0}=0, & 0\leqslant x\leqslant l.\end{cases}$$

这个定解问题中的方程和边界条件都是齐次的，可直接用分离变量法.注意这里的边界条件中有一个是第一类的，另一个是第二类的，所以相应的特征

值与特征函数分别为 $\lambda_n=\dfrac{(2n+1)^2\pi^2}{4l^2}$, $\sin\dfrac{(2n+1)\pi}{2l}x$, $n=0,1,2,\cdots$. 故解可表示为

$$u(x,t)=\sum_{n=0}^{\infty}C_n\cos\frac{(2n+1)\pi a}{2l}t\sin\frac{(2n+1)\pi}{2l}x.$$

最后由条件 $u(x,0)=E$ 确定 C_n:

$$C_n=\frac{2}{l}\int_0^l E\sin\frac{(2n+1)\pi x}{2l}\mathrm{d}x=\frac{4E}{(2n+1)\pi}.$$

将 C_n 代入 $u(x,t)$ 得

$$u(x,t)=\frac{4E}{\pi}\sum_{n=0}^{\infty}\frac{1}{2n+1}\cos\frac{(2n+1)\pi a}{2l}t\sin\frac{(2n+1)\pi}{2l}x.$$

20. 求矩形膜振动的位移,即解下列定解问题:

$$\begin{cases}\dfrac{\partial^2 u}{\partial t^2}=\dfrac{\partial^2 u}{\partial x^2}+\dfrac{\partial^2 u}{\partial y^2}, & 0<x<a,0<y<b,t>0,\\ u\big|_{x=0}=u\big|_{x=a}=0, & 0\leqslant y\leqslant b,t>0,\\ u\big|_{y=0}=u\big|_{y=b}=0, & 0\leqslant x\leqslant a,t>0,\\ u\big|_{t=0}=xy(x-a)(y-b),\left.\dfrac{\partial u}{\partial t}\right|_{t=0}=0, & 0\leqslant x\leqslant a,0\leqslant y\leqslant b.\end{cases}$$

这是二维波动方程的初边值问题,其中方程与边界条件均是齐次的,也可以用分离变量法求解.与一维情形不同的是,由于自变量多一个,所以要经过两次变量分离.

设 $u(x,y,t)=V(x,y)T(t)$,代入方程得

$$\frac{T''}{T}=\frac{V_{xx}+V_{yy}}{V}=-\lambda,$$

即

$$T''+\lambda T=0,$$

$$V_{xx}+V_{yy}+\lambda V=0.$$

再令

$$V(x,y)=X(x)Y(y),$$

代入 V 的方程得

$$\frac{X''}{X}=-\frac{Y''+\lambda Y}{Y}=-\beta^2.$$

由此及边界条件得

$$\begin{cases}X''+\beta^2X=0, & 0<x<a,\\ X(0)=X(a)=0,\end{cases}$$

$$\begin{cases}Y''+(\lambda-\beta^2)Y=0, & 0<y<b,\\ Y(0)=Y(b)=0.\end{cases}$$

解 X 的方程得特征值与特征函数：

$$\beta_n^2=\frac{n^2\pi^2}{a^2},\quad n=1,2,\cdots,$$

$$X_n(x)=\sin\frac{n\pi}{a}x,\quad n=1,2,\cdots.$$

解 Y 的方程得特征值

$$\lambda-\frac{n^2\pi^2}{a^2}=\frac{m^2\pi^2}{b^2},\quad m=1,2,\cdots,$$

即

$$\lambda_{m,n}=\frac{n^2\pi^2}{a^2}+\frac{m^2\pi^2}{b^2},\quad m,n=1,2,\cdots$$

与特征函数

$$Y_m(y)=\sin\frac{m\pi}{b}y,\quad m=1,2,\cdots.$$

综合上述,得原问题的特征值与特征函数为

$$\lambda_{m,n}=\left(\frac{m^2}{b^2}+\frac{n^2}{a^2}\right)\pi^2,\quad m,n=1,2,\cdots,$$

$$V_{m,n}(x,y)=\sin\frac{n\pi}{a}x\sin\frac{m\pi}{b}y,\quad m,n=1,2,\cdots.$$

将特征值代入到 T 的方程得

$$T_{m,n}(t)=a_{m,n}\cos\sqrt{\frac{n^2\pi^2}{a^2}+\frac{m^2\pi^2}{b^2}}t+b_{m,n}\sin\sqrt{\frac{n^2\pi^2}{a^2}+\frac{m^2\pi^2}{b^2}}t.$$

由 $u_t\big|_{t=0}=0$ 得 $b_{m,n}=0$,故由叠加原理得到原问题的解为

$$u(x,y,t)=\sum_{m,n=1}^{\infty}a_{m,n}\cos\sqrt{\frac{n^2\pi^2}{a^2}+\frac{m^2\pi^2}{b^2}}t\sin\frac{n\pi}{a}x\sin\frac{m\pi}{b}y.$$

为确定系数 $a_{m,n}$,在上式中令 $t=0$ 得

$$xy(x-a)(y-b)=\sum_{m,n=1}^{\infty}a_{m,n}\sin\frac{n\pi}{a}x\sin\frac{m\pi}{b}y.$$

利用$\left\{\sin\frac{n\pi}{a}x,\sin\frac{m\pi}{b}y:m,n=1,2,\cdots\right\}$的正交性得

$$\begin{aligned}a_{m,n}&=\frac{4}{ab}\int_0^a\int_0^b xy(x-a)(y-b)\sin\frac{n\pi x}{a}\sin\frac{m\pi y}{b}\mathrm{d}x\mathrm{d}y\\&=\frac{16a^2b^2}{m^3n^3\pi^6}[(-1)^n-1][(-1)^m-1].\end{aligned}$$

将所得的 $a_{m,n}$ 代入 $u(x,y,t)$ 中即得所求的解.

21. 证明 §2.2 中所得的特征函数系$\{\sin\beta_nx:n=1,2,\cdots\}$在$[0,l]$上是正交系,即

$$\int_0^l\sin\beta_mx\sin\beta_nx\mathrm{d}x=0\quad(m\neq n),$$

其中 β_n 满足 $\beta_n\cos\beta_nl+h\sin\beta_nl=0$,$h$ 为常数.

这个题可以用两个方法来证.

方法 1 利用三角中积化和差的公式及 β_n 所满足的关系.

$$\begin{aligned}&\int_0^l\sin\beta_mx\sin\beta_nx\mathrm{d}x\\&=\frac{1}{2}\left[\frac{\sin(\beta_m-\beta_n)l}{\beta_m-\beta_n}-\frac{\sin(\beta_m+\beta_n)l}{\beta_m+\beta_n}\right]\\&=\frac{1}{2}\left[\frac{1}{\beta_m-\beta_n}\frac{\beta_n-\beta_m}{h}+\frac{1}{\beta_m+\beta_n}\frac{\beta_n+\beta_m}{h}\right]\cos\beta_ml\cos\beta_nl\\&=0\quad(\beta_m\neq\beta_n).\end{aligned}$$

方法 2 利用 $\sin\beta_n x$ 所满足的方程.记 $X_n(x)=\sin\beta_n x$,则

$$X''_n+\beta_n^2X_n=0,$$

类似地有

$$X''_m+\beta_m^2X_m=0.$$

由这两个方程可知

$$(\beta_n^2-\beta_m^2)X_nX_m=X_nX''_m-X_mX''_n=(X_nX'_m-X_mX'_n)',$$

故当 $\beta_m\neq\beta_n$ 时有

$$\begin{aligned}\int_0^l\sin\beta_m x\sin\beta_n x\mathrm{d}x&=\frac{1}{\beta_n^2-\beta_m^2}\int_0^l(X_nX'_m-X_mX'_n)'\mathrm{d}x\\&=\frac{1}{\beta_n^2-\beta_m^2}(X_nX'_m-X_mX'_n)\Big|_0^l,\end{aligned}$$

再利用 β_n 所满足的关系可证上式右端等于零.

22. 求解定解问题

$$\begin{cases}\dfrac{\partial^2u}{\partial t^2}=a^2\dfrac{\partial^2u}{\partial x^2}+\sin\dfrac{2\pi}{l}x\sin\dfrac{2a\pi}{l}t, & 0<x<l,t>0,\\ u\big|_{x=0}=u\big|_{x=l}=0, & t>0,\\ u\big|_{t=0}=u_t\big|_{t=0}=0, & 0\leqslant x\leqslant l.\end{cases}$$

这个问题的特点是:非齐次方程、齐次定解条件.其解法是特征函数展开法,即将解及方程中的自由项均按特征函数展开,然后得一个二阶常微分方程的初值问题.这里要注意的是,自由项 $\sin\dfrac{2\pi}{l}x\sin\dfrac{2a\pi}{l}t$ 实际上已经是展开式的形式,而且这个展开式只包含一项.这样一来问题就变得简单了.由于边界条件全是第一类的,故相应的特征函数系是$\left\{\sin\dfrac{n\pi}{l}x:n=1,2,\cdots\right\}$.令

$$u(x,t)=\sum_{n=1}^{\infty}u_n(t)\sin\frac{n\pi}{l}x,$$

代入方程和初值条件得

$$\sum_{n=1}^{\infty}\left[u''_n(t)+\frac{a^2n^2\pi^2}{l^2}u_n(t)\right]\sin\frac{n\pi}{l}x=\sin\frac{2\pi}{l}x\sin\frac{2a\pi}{l}t,$$

$$u_n(0)=u'_n(0)=0.$$

比较方程的两端得

$$u_n''(t)+\frac{a^2n^2\pi^2}{l^2}u_n(t)=0,\quad n\neq 2,$$

$$u_2''(t)+\frac{4a^2\pi^2}{l^2}u_2(t)=\sin\frac{2a\pi}{l}t,$$

$$u_n(0)=u_n'(0)=0,\quad n=1,2,\cdots,$$

由此得

$$u_n(t)\equiv 0,\quad n\neq 2,$$

对于 $u_2(t)$ 只要解一个二阶常系数非齐次常微分方程的初值问题.用本书第一章 1.1.3 小节中所述参数变易法求解.

令 $u_2(t)=C_1(t)\cos\frac{2a\pi}{l}t+C_2(t)\sin\frac{2a\pi}{l}t$,解与(1.1.16),(1.1.17)相对应方程

$$\begin{cases}C_1'(t)\cos\frac{2a\pi}{l}t+C_2'(t)\sin\frac{2a\pi}{l}t=0,\\ C_1'(t)\left(-\frac{2a\pi}{l}\sin\frac{2a\pi}{l}t\right)+C_2'(t)\frac{2a\pi}{l}\cos\frac{2a\pi}{l}t=\sin\frac{2a\pi}{l}t,\end{cases}$$

得

$$C_1'(t)=-\frac{l}{2a\pi}\sin^2\frac{2a\pi}{l}t,\quad C_2'(t)=\frac{l}{2a\pi}\sin\frac{2a\pi}{l}t\cos\frac{2a\pi}{l}t.$$

积分一次得

$$C_1(t)=-\frac{l}{4a\pi}t+\left(\frac{l}{4a\pi}\right)^2\sin\frac{4a\pi}{l}t,$$

$$C_2(t)=-\left(\frac{l}{4a\pi}\right)^2\cos\frac{4a\pi}{l}t.$$

故

$$u_2(t)=-\frac{l}{4a\pi}t\cos\frac{2a\pi}{l}t+\left(\frac{l}{4a\pi}\right)^2\sin\frac{2a\pi}{l}t.$$

定解问题的解 $u(x,t)=u_2(t)\sin\frac{2\pi}{l}x$,即

$$u(x,t)=\frac{l}{4a\pi}\left[\frac{l}{4a\pi}\sin\frac{2a\pi}{l}t-t\cos\frac{2a\pi}{l}t\right]\sin\frac{2\pi}{l}x.$$

23. 在单位圆内求解定解问题

$$\begin{cases}u_{xx}+u_{yy}=-xy, & x^2+y^2<1,\\ u\big|_{x^2+y^2=1}=0.\end{cases}$$

这个问题中的边界条件是齐次的，方程为非齐次的，且区域是圆形域，采用极坐标系较方便，在极坐标系这个问题为

$$\begin{cases}\dfrac{1}{\rho}\dfrac{\partial}{\partial\rho}\left(\rho\dfrac{\partial u}{\partial\rho}\right)+\dfrac{1}{\rho^2}\dfrac{\partial^2 u}{\partial\theta^2}=-\rho^2\cos\theta\sin\theta\\ \qquad\qquad\qquad\qquad=-\dfrac{\rho^2}{2}\sin 2\theta, & 0<\rho<1,\\ u\big|_{\rho=1}=0, & 0\leqslant\theta\leqslant 2\pi,\\ u(\rho,\theta+2\pi)=u(\rho,\theta) & 0<\rho\leqslant 1, 0\leqslant\theta<2\pi,\\ |u(0,\theta)|<\infty, & 0\leqslant\theta\leqslant 2\pi.\end{cases}$$

参考教材§2.4的例子，采用按特征函数展开法，令

$$u(\rho,\theta)=\sum_{n=0}^{\infty}\left[A_n(\rho)\cos n\theta+B_n(\rho)\sin n\theta\right],$$

代入方程得

$$\sum_{n=0}^{\infty}\left[\left(A''_n(\rho)+\frac{1}{\rho}A'_n(\rho)-\frac{n^2}{\rho^2}A_n(\rho)\right)\cos n\theta+\right.$$

$$\left.\left(B''_n(\rho)+\frac{1}{\rho}B'_n(\rho)-\frac{n^2}{\rho^2}B_n(\rho)\right)\sin n\theta\right]=-\frac{\rho^2}{2}\sin 2\theta.$$

比较两端的系数得

$$A''_n(\rho)+\frac{1}{\rho}A'_n(\rho)-\frac{n^2}{\rho^2}A_n(\rho)=0,\quad n=0,1,2,\cdots,$$

$$B''_n(\rho)+\frac{1}{\rho}B'_n(\rho)-\frac{n^2}{\rho^2}B_n(\rho)=0,\quad n\neq 2,$$

$$B''_2(\rho)+\frac{1}{\rho}B'_2(\rho)-\frac{4}{\rho^2}B_2(\rho)=-\frac{\rho^2}{2},$$

由边界条件（含自然边界条件）得

$$A_n(1)=B_n(1)=0,\quad n=0,1,2,\cdots,$$

$$|A_n(0)|<\infty,\ |B_n(0)|<\infty,\quad n=0,1,2,\cdots.$$

解 A_n,B_n 的方程得

$$A_n(\rho)\equiv 0,\quad n=0,1,2,\cdots,$$

$$B_n(\rho)\equiv 0,\ n\neq 2,\quad B_2(\rho)=-\frac{1}{24}\rho^4+\frac{1}{24}\rho^2.$$

故所求的解为

$$u(\rho,\theta)=-\frac{\rho^2}{24}(\rho^2-1)\sin 2\theta,$$

返回变量 x,y 得

$$u(x,y)=-\frac{1}{12}xy(x^2+y^2-1).$$

这个题还可以用更简单的方法来解，即用观察法来猜出解的表达式，然后代入方程确定解中的系数．从原问题来看，因为方程的左端是 u 对 x,y 求二阶导数，右端对 x 及对 y 都是一次的，故解对 x 及对 y 应该是三次函数．又因在边界 $x^2+y^2=1$ 上解为 0，可知解 u 中应含有因子 (x^2+y^2-1)．综合起来可设解为

$$u(x,y)=Axy(x^2+y^2-1).$$

代入方程得

$$12Axy=-xy.$$

故 $A=-\dfrac{1}{12}$，即得解为

$$u(x,y)=-\frac{1}{12}xy(x^2+y^2-1).$$

§2.3 行波法与积分变换法

2.3.1 内容的评述

这里讲两个方法，一个是行波法，另一个是积分变换法．

1. 行波法

行波法只适用于波动方程的初值问题.对一维情形,通过特征变换将方程化成可以直接积分的形式,经过两次积分获得包含有两个任意函数的“通解”,然后利用初值条件确定这两个任意函数.对于三维情形,先考虑解 u 在以点 $M(x,y,z)$ 为中心,以 r 为半径的球面 S_r^M 上的平均值 $\overline{u}(r,t)$,这个函数与 r 的积 $r\overline{u}(r,t)$ 满足关于 r,t 的一维波动方程,再用行波法解出 $\overline{u}(r,t)$,令 $r\to 0$ 即得到解 $u(x,y,z,t)$.

下面就一维情形讲得细致一点,考虑初值问题

$$\begin{cases}\dfrac{\partial^2 u}{\partial t^2}=a^2\dfrac{\partial^2 u}{\partial x^2}+f(x,t), & -\infty<x<+\infty,t>0,\\ u|_{t=0}=\varphi(x), & \\ u_t|_{t=0}=\psi(x), & -\infty<x<+\infty.\end{cases}$$

利用叠加原理可知,$u=u_1+u_2$,其中 u_1,u_2 分别为下列问题的解:

$$\begin{cases}\dfrac{\partial^2 u_1}{\partial t^2}=a^2\dfrac{\partial^2 u_1}{\partial x^2}, & -\infty<x<+\infty,t>0,\\ u_1|_{t=0}=\varphi(x), & \\ (u_1)_t|_{t=0}=\psi(x), & -\infty<x<+\infty,\end{cases}\qquad(\text{Ⅰ})$$

$$\begin{cases}\dfrac{\partial^2 u_2}{\partial t^2}=a^2\dfrac{\partial^2 u_2}{\partial x^2}+f(x,t), & -\infty<x<+\infty,t>0,\\ u_2|_{t=0}=(u_2)_t|_{t=0}=0, & -\infty<x<+\infty.\end{cases}\qquad(\text{Ⅱ})$$

对于问题(Ⅱ)可以验证如下结论:

若 $w(x,t,\tau)$ 是

$$\begin{cases}\dfrac{\partial^2 w}{\partial t^2}=a^2\dfrac{\partial^2 w}{\partial x^2}, & -\infty<x<+\infty,t>\tau,\\ w|_{t=\tau}=0, & -\infty<x<+\infty,\\ w_t|_{t=\tau}=f(x,\tau), & -\infty<x<+\infty\end{cases}\qquad(\text{Ⅲ})$$

的解,则

$$u_2(x,t)=\int_0^t w(x,t,\tau)\,\mathrm{d}\tau$$

必是(Ⅱ)的解.事实上,

$$u_2\big|_{t=0}=0,$$

$$(u_2)_t\big|_{t=0}=\left[w(x,t,t)+\int_0^t w_t(x,t,\tau)\mathrm{d}\tau\right]\bigg|_{t=0}=0,$$

$$\begin{aligned}\frac{\partial^2 u_2}{\partial t^2}&=\frac{\partial}{\partial t}\int_0^t w_t(x,t,\tau)\mathrm{d}\tau\\&=w_t(x,t,\tau)\big|_{\tau=t}+\int_0^t w_{tt}(x,t,\tau)\mathrm{d}\tau\\&=f(x,t)+a^2\int_0^t w_{xx}(x,t,\tau)\mathrm{d}\tau\\&=f(x,t)+a^2\frac{\partial^2}{\partial x^2}\int_0^t w(x,t,\tau)\mathrm{d}\tau=f(x,t)+a^2\frac{\partial^2 u_2}{\partial x^2}.\end{aligned}$$

在(Ⅲ)中令 $t_1=t-\tau$,则得

$$\begin{cases}\dfrac{\partial^2 w}{\partial t_1^2}=a^2\dfrac{\partial^2 w}{\partial x^2}, & -\infty<x<+\infty,t_1>0,\\ w(x,t_1)\big|_{t_1=0}=0, & \\ w_{t_1}\big|_{t_1=0}=f(x,\tau), & -\infty<x<+\infty.\end{cases}\qquad(\text{Ⅳ})$$

对(Ⅰ)和(Ⅳ)可以由**达朗贝尔(d'Alembert)**公式得

$$u_1(x,t)=\frac{\varphi(x-at)+\varphi(x+at)}{2}+\frac{1}{2a}\int_{x-at}^{x+at}\psi(\xi)\mathrm{d}\xi,$$

$$w(x,t_1)=\frac{1}{2a}\int_{x-at_1}^{x+at_1}f(\xi,\tau)\mathrm{d}\xi=\frac{1}{2a}\int_{x-a(t-\tau)}^{x+a(t-\tau)}f(\xi,\tau)\mathrm{d}\xi,$$

故

$$u_2(x,t)=\frac{1}{2a}\int_0^t\int_{x-a(t-\tau)}^{x+a(t-\tau)}f(\xi,\tau)\mathrm{d}\xi\mathrm{d}\tau.$$

从而原问题的解为

$$u(x,t)=\frac{\varphi(x-at)+\varphi(x+at)}{2}+\frac{1}{2a}\int_{x-at}^{x+at}\psi(\xi)\mathrm{d}\xi+\frac{1}{2a}\int_0^t\int_{x-a(t-\tau)}^{x+a(t-\tau)}f(\xi,\tau)\mathrm{d}\xi\mathrm{d}\tau.$$

这是**一维非齐次波动方程的初值问题解的表达式**,与教材中用积分变换法推

导的表达式是一致的.利用这里所述的方法也可以得到三维非齐次波动方程初值问题解的表达式,请读者自己推导.

在行波法中**特征线**的概念是很重要的,一方面表现在只有通过特征变换才能将一维波动方程化成可以直接积分的形式,另一方面表现在所得到的左、右行波是沿着特征线传播的,这是波动方程的一个特有的性质,图2.4画出了右行波解的传播特征.除此以外,达朗贝尔公式还可以通过沿特征线积分的方法获得,这一点读者可参阅姜礼尚等编写的《数学物理方程讲义(第三版)》中第二章第二节的有关内容.

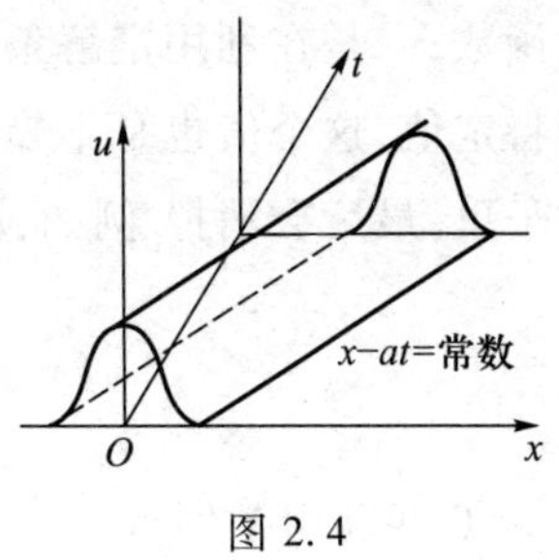

图 2.4

2. 积分变换法

这里除了介绍**傅里叶变换**和**拉普拉斯变换**的基本概念与性质以外,主要是讲利用傅里叶变换和拉普拉斯变换求解定解问题的方法.在学习积分变换有关内容的时候,建议读者把教材上的内容和本书§1.5结合起来读.特别要提醒的是:δ函数及"广义"傅里叶变换的概念稍微难懂一点,不过教材中的讲法应该是最容易接受又不失严谨性的方法.积分变换方法的主要思想是"降维",即通过对方程及定解条件取积分变换后自变量就少了一个,对一维发展方程或二维的拉普拉斯方程经过取积分变换后就得到含一个参量的常微分方程.使用积分变换法的困难有两个,第一是选用哪一种积分变换,第二是求逆变换.对于第一点,可以由定解问题中自变量的变化范围及定解条件的形式来确定,例如对有界域内发展方程的定解问题只可能用拉普拉斯变换来求解.对第二点主要是利用积分变换的性质及积分变换表.

2.3.2 习题的启示与解答

1. 求方程

$$\frac{\partial^2 u}{\partial x \partial y} = x^2 y, \quad x > 1, y > 0$$

满足边界条件

$$u\big|_{y=0} = x^2, \quad u\big|_{x=1} = \cos y$$

的解.

这个方程虽然是非齐次的,由于右端可以对 x 及 y 积分,所以仍然可通过直接积分先获得“通解”,然后利用边界条件确定两个任意函数.解这类问题应该注意两点:一是在对 x(或 y)进行积分时,应加一个任意“常数”,这里所说的“常数”是就 x(或 y)而言的,故一般说来它应依赖于 y(或 x),实际上是两个任意函数;二是在利用定解条件确定任意函数时有可能会出现任意函数在某点的特定值,这个值也是不知道的,但不必、且实际上也不可能求出来,先保留在式子里,最后会消掉.例如,本题通过对方程积分得到通解

$$u(x,y)=\frac{1}{6}x^3y^2+C_1(y)+C_2(x),$$

令 $y=0$ 并利用条件得

$$x^2=C_1(0)+C_2(x),$$

即

$$C_2(x)=x^2-C_1(0).$$

令 $x=1$ 并利用条件得

$$\cos y=\frac{1}{6}y^2+C_1(y)+C_2(1)=\frac{1}{6}y^2+C_1(y)+1-C_1(0).$$

故

$$C_1(y)=\cos y-\frac{1}{6}y^2-1+C_1(0).$$

再把 $C_1(y)$ 与 $C_2(x)$ 代入 $u(x,y)$ 中就消去了 $C_1(0)$,即

$$u(x,y)=\frac{1}{6}x^3y^2+\cos y-\frac{1}{6}y^2+x^2-1.$$

2. 求解下列定解问题:

$$\begin{cases}\dfrac{\partial^2 u}{\partial t^2}=\dfrac{\partial^2 u}{\partial x^2}+t\sin x, & -\infty<x<+\infty, t>0,\\ u\big|_{t=0}=0, & -\infty<x<+\infty,\\ \dfrac{\partial u}{\partial t}\bigg|_{t=0}=\sin x, & -\infty<x<+\infty.\end{cases}$$

本题有两种解法.

方法 1 利用傅里叶变换法,记

$$U(\omega,t)=\mathscr{F}_x[u(x,t)]=\int_{-\infty}^{+\infty}u(x,t)\mathrm{e}^{-\mathrm{i}x\omega}\mathrm{d}x.$$

通过对方程及初值条件取关于 x 的傅里叶变换,得

$$\begin{cases}\dfrac{\mathrm{d}^2U}{\mathrm{d}t^2}=-\omega^2U+\mathrm{i}\pi t[\delta(\omega+1)-\delta(\omega-1)],\\ U\big|_{t=0}=0,\\ \dfrac{\mathrm{d}U}{\mathrm{d}t}\Big|_{t=0}=\mathrm{i}\pi[\delta(\omega+1)-\delta(\omega-1)].\end{cases}$$

利用第一章中 1.1.3 小节的参数变易法可求得

$$U(\omega,t)=\frac{\mathrm{i}\pi}{\omega^2}[\delta(\omega+1)-\delta(\omega-1)]t+\frac{\mathrm{i}\pi}{\omega}\left(1-\frac{1}{\omega^2}\right)[\delta(\omega+1)-\delta(\omega-1)]\sin\omega t.$$

由傅里叶逆变换公式及 δ 函数的定义知

$$\begin{aligned}u(x,t)&=\frac{1}{2\pi}\int_{-\infty}^{\infty}U(\omega,t)\mathrm{e}^{\mathrm{i}x\omega}\mathrm{d}\omega\\&=\frac{\mathrm{i}t}{2}\int_{-\infty}^{+\infty}\frac{1}{\omega^2}[\delta(\omega+1)-\delta(\omega-1)]\mathrm{e}^{\mathrm{i}x\omega}\mathrm{d}\omega+\\&\quad\frac{\mathrm{i}}{2}\int_{-\infty}^{+\infty}\frac{1}{\omega}\left(1-\frac{1}{\omega^2}\right)[\delta(\omega+1)-\delta(\omega-1)]\mathrm{e}^{\mathrm{i}x\omega}\sin\omega t\mathrm{d}\omega\\&=\frac{t}{2\mathrm{i}}(\mathrm{e}^{\mathrm{i}x}-\mathrm{e}^{-\mathrm{i}x})=t\sin x.\end{aligned}$$

方法 2 利用教材中的提示,即在前面内容评述中作了详细介绍的方法,可得解为

$$u(x,t)=\frac{1}{2}\int_{x-t}^{x+t}\sin\xi\mathrm{d}\xi+\frac{1}{2}\int_0^t\int_{x-(t-\tau)}^{x+(t-\tau)}\tau\sin\xi\mathrm{d}\xi\mathrm{d}\tau,$$

只要把右端两个积分计算出来再化简即可.

3. 求下列函数的傅里叶变换:

(1) $f(x)=\begin{cases}0, & x<0,\\ \mathrm{e}^{-\beta x}, & x\geqslant 0\ (\beta>0\text{ 为常数});\end{cases}$

(2) $f(x)=\begin{cases}0, & |x|>a,\\ |x|, & |x|\leqslant a\end{cases}$ (a 为正常数);

(3) $f(x)=e^{-\beta|x|}$($\beta>0$ 为常数);

(4) $f(x)=\cos x\cdot e^{-a|x|}$($a>0$ 为常数);

(5) $f(x)=\begin{cases}\sin\lambda_0 x, & |x|\leqslant a,\\ 0, & |x|>a\end{cases}$ (λ_0, a 为正常数);

(6) $f(x)=\begin{cases}0, & |x|>a,\\ 1-\dfrac{|x|}{a}, & |x|\leqslant a\end{cases}$ ($a>0$ 为常数);

(7) $f(x)=\cos kx$ (k 为常数).

这里一共有七个题,除(7)以外都利用傅里叶变换的定义来做.

(1) $$\mathscr{F}(\omega)=\int_{-\infty}^{\infty}f(x)e^{-i\omega x}dx=\int_{0}^{\infty}e^{-\beta x-i\omega x}dx$$
$$=\int_{0}^{\infty}e^{-(\beta+i\omega)x}dx=\frac{1}{\beta+i\omega}=\frac{\beta-i\omega}{\beta^2+\omega^2};$$

(2) $$\mathscr{F}(\omega)=\int_{-\infty}^{\infty}f(x)e^{-i\omega x}dx=\int_{-a}^{a}|x|e^{-i\omega x}dx$$
$$=\int_{-a}^{0}(-x)e^{-i\omega x}dx+\int_{0}^{a}xe^{-i\omega x}dx$$
$$=\frac{2a}{\omega}\sin\omega a+\frac{2}{\omega^2}\cos\omega a-\frac{2}{\omega^2};$$

(3) $$\mathscr{F}(\omega)=\int_{-\infty}^{\infty}e^{-\beta|x|}e^{-i\omega x}dx=\int_{-\infty}^{0}e^{(\beta-i\omega)x}dx+\int_{0}^{\infty}e^{-(\beta+i\omega)x}dx$$
$$=\frac{1}{\beta-i\omega}+\frac{1}{\beta+i\omega}=\frac{2\beta}{\beta^2+\omega^2};$$

(4) $$\mathscr{F}(\omega)=\int_{-\infty}^{\infty}\cos x\cdot e^{-a|x|}e^{-i\omega x}dx$$
$$=\int_{-\infty}^{0}\cos x\cdot e^{(a-i\omega)x}dx+\int_{0}^{\infty}\cos x\cdot e^{-(a+i\omega)x}dx$$
$$=\frac{1}{1+(a-i\omega)^2}[\sin x+(a-i\omega)\cos x]e^{(a-i\omega)x}\Big|_{-\infty}^{0}+$$
$$\frac{1}{1+(a+i\omega)^2}[\sin x-(a+i\omega)\cos x]e^{-(a+i\omega)x}\Big|_{0}^{\infty}$$

$$= \frac{a-\mathrm{i}\omega}{1+(a-\mathrm{i}\omega)^2}+\frac{a+\mathrm{i}\omega}{1+(a+\mathrm{i}\omega)^2};$$

(5) $\mathscr{F}(\omega)=\int_{-\infty}^{\infty}f(x)\mathrm{e}^{-\mathrm{i}\omega x}\mathrm{d}x=\int_{-a}^{a}\sin\lambda_0 x\cdot\mathrm{e}^{-\mathrm{i}\omega x}\mathrm{d}x$

$$=\frac{\lambda_0\cos\lambda_0 x+\omega\mathrm{i}\sin\lambda_0 x}{\omega^2-\lambda_0^2}\mathrm{e}^{-\mathrm{i}\omega x}\Bigg|_{-a}^{a}$$

$$=\frac{2\mathrm{i}}{\omega^2-\lambda_0^2}(\omega\sin\lambda_0 a\cdot\cos\omega a-\lambda_0\sin\omega a\cdot\cos\lambda_0 a);$$

(6) $\mathscr{F}(\omega)=\int_{-\infty}^{\infty}f(x)\mathrm{e}^{-\mathrm{i}\omega x}\mathrm{d}x=\int_{-a}^{a}\left(1-\frac{|x|}{a}\right)\mathrm{e}^{-\mathrm{i}\omega x}\mathrm{d}x$

$$=\int_{-a}^{0}\left(1+\frac{x}{a}\right)\mathrm{e}^{-\mathrm{i}\omega x}\mathrm{d}x+\int_{0}^{a}\left(1-\frac{x}{a}\right)\mathrm{e}^{-\mathrm{i}\omega x}\mathrm{d}x$$

$$=2\int_{0}^{a}\left(1-\frac{x}{a}\right)\cos\omega x\mathrm{d}x=\frac{2}{a\omega^2}(1-\cos a\omega);$$

(7) 由于$f(x)=\cos kx$在$(-\infty,\infty)$内不是绝对可积的，所以它的傅里叶变换只能理解为在“广义”意义下的变换.在教材中我们已经讲过在“广义”意义下函数$f(x)=\mathrm{e}^{\mathrm{i}kx}$与$F(\omega)=2\pi\delta(\omega-k)$构成一个傅里叶变换对，即

$$\mathscr{F}[\mathrm{e}^{\mathrm{i}kx}]=2\pi\delta(\omega-k),$$

其中$\delta(x)$是δ函数.所以

$$\mathscr{F}[\cos kx]=\frac{1}{2}\mathscr{F}[\mathrm{e}^{\mathrm{i}kx}+\mathrm{e}^{-\mathrm{i}kx}]$$

$$=\frac{1}{2}\cdot 2\pi[\delta(\omega-k)+\delta(\omega+k)]$$

$$=\pi[\delta(\omega-k)+\delta(\omega+k)].$$

4. 证明$\mathscr{F}^{-1}[\mathrm{e}^{-a^2\omega^2 t}]=\dfrac{1}{2a\sqrt{\pi t}}\mathrm{e}^{-\frac{x^2}{4a^2 t}}$.

这个题可以用多种方法来证明.下面讲两种方法：

方法 1 直接证明，即证明$\mathrm{e}^{-a^2\omega^2 t}$的傅里叶逆变换是$\dfrac{1}{2a\sqrt{\pi t}}\mathrm{e}^{-\frac{x^2}{4a^2 t}}$.

现在我们来计算$\mathscr{F}^{-1}[\mathrm{e}^{-a^2\omega^2 t}]$，由傅里叶逆变换的公式得

$$\mathscr{F}^{-1}[\mathrm{e}^{-a^2\omega^2 t}]=\frac{1}{2\pi}\int_{-\infty}^{\infty}\mathrm{e}^{-a^2\omega^2 t}\mathrm{e}^{\mathrm{i}\omega x}\mathrm{d}\omega=\frac{1}{2\pi}\int_{-\infty}^{\infty}\mathrm{e}^{-a^2 t\left(\omega^2-\frac{\mathrm{i}x}{a^2 t}\omega\right)}\mathrm{d}\omega$$

$$=\frac{1}{2\pi}\int_{-\infty}^{\infty}\mathrm{e}^{-a^2t\left(\omega-\frac{\mathrm{i}x}{2a^2t}\right)^2}\mathrm{e}^{-\frac{x^2}{4a^2t}}\mathrm{d}\omega=\frac{1}{2\pi}\mathrm{e}^{-\frac{x^2}{4a^2t}}\int_{-\infty}^{\infty}\mathrm{e}^{-a^2tz^2}\mathrm{d}z,$$

其中

$$z=\omega-\frac{\mathrm{i}x}{2a^2t}.$$

当 x,t 固定后,上述积分就是被积函数沿直线 $\xi=-\frac{x}{2a^2t}$ 的积分,即

$$\mathscr{F}^{-1}[\mathrm{e}^{-a^2\omega^2t}]=\frac{1}{2\pi}\mathrm{e}^{-\frac{x^2}{4a^2t}}\lim_{N\to\infty}\int_{-N}^{N}\mathrm{e}^{-a^2tz^2}\mathrm{d}z.$$

为了计算这个积分,我们作一个矩形围道 Γ_N(如图 2.5).由于 $\mathrm{e}^{-a^2tz^2}$ 是 z 的解析函数,根据留数定理得

$$\oint_{\Gamma_N}\mathrm{e}^{-a^2tz^2}\mathrm{d}z=0,$$

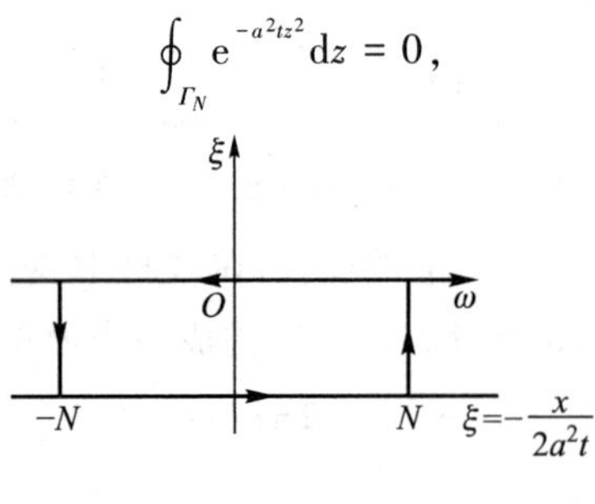

图 2.5

即

$$\int_{-N}^{N}\mathrm{e}^{-a^2tz^2}\mathrm{d}z+\int_{-\frac{x}{2a^2t}}^{0}\mathrm{e}^{-a^2t(N+\mathrm{i}\xi)^2}\mathrm{d}\xi+\int_{N}^{-N}\mathrm{e}^{-a^2t\omega^2}\mathrm{d}\omega+\int_{0}^{-\frac{x}{2a^2t}}\mathrm{e}^{-a^2t(-N+\mathrm{i}\xi)^2}\mathrm{d}\xi=0.$$

容易验证当 $N\to\infty$ 时

$$\int_{-\frac{x}{2a^2t}}^{0}\mathrm{e}^{-a^2t(N+\mathrm{i}\xi)^2}\mathrm{d}\xi\to0,\quad\int_{0}^{-\frac{x}{2a^2t}}\mathrm{e}^{-a^2t(-N+\mathrm{i}\xi)^2}\mathrm{d}\xi\to0.$$

故

$$\int_{-\infty}^{\infty}\mathrm{e}^{-a^2tz^2}\mathrm{d}z=\int_{-\infty}^{\infty}\mathrm{e}^{-a^2t\omega^2}\mathrm{d}\omega=\frac{1}{a\sqrt{t}}\int_{-\infty}^{\infty}\mathrm{e}^{-y^2}\mathrm{d}y=\frac{1}{a\sqrt{t}}\sqrt{\pi}.$$

因此

$$\mathscr{F}^{-1}[\mathrm{e}^{-a^2\omega^2t}]=\frac{1}{2a\sqrt{\pi t}}\mathrm{e}^{-\frac{x^2}{4a^2t}}.$$

注 证明中利用了数学分析中的一个结果：

$$\int_{-\infty}^{\infty} e^{-x^2} dx = \sqrt{\pi}.$$

这个结果很容易证明. 令 $I=\int_{-\infty}^{\infty} e^{-x^2} dx$，则

$$I^2 = \iint_{\mathbf{R}^2} e^{-(x^2+y^2)} dxdy = \int_0^{\infty} rdr \int_0^{2\pi} e^{-r^2} d\theta = -\pi \int_0^{\infty} e^{-r^2} d(-r^2) = \pi,$$

故 $I=\sqrt{\pi}$.

方法 2 设

$$f(x) = \frac{1}{2\pi}\int_{-\infty}^{\infty} e^{-a^2\omega^2 t} e^{i\omega x} d\omega,$$

两端对 x 求导得

$$f'(x) = \frac{i}{2\pi}\int_{-\infty}^{\infty} \omega e^{-a^2\omega^2 t} e^{i\omega x} d\omega = \frac{-i}{4\pi a^2 t}\int_{-\infty}^{\infty} e^{i\omega x} d(e^{-a^2\omega^2 t})$$

$$= -\frac{x}{2a^2 t}\cdot\frac{1}{2\pi}\int_{-\infty}^{\infty} e^{-a^2\omega^2 t} e^{i\omega x} d\omega \quad (\text{分部积分})$$

$$= -\frac{x}{2a^2 t} f(x).$$

两端除以 $f(x)$ 并积分得

$$f(x) = Ce^{-\frac{x^2}{4a^2 t}}, \quad \text{其中 } C \text{ 是待定常数.}$$

令 $x=0$ 得

$$C = f(0) = \frac{1}{2\pi}\int_{-\infty}^{\infty} e^{-a^2\omega^2 t} d\omega = \frac{1}{2\pi}\int_{-\infty}^{\infty} e^{-(a\sqrt{t}\,\omega)^2} d\omega$$

$$= \frac{1}{2a\pi\sqrt{t}}\int_{-\infty}^{\infty} e^{-y^2} dy = \frac{1}{2a\sqrt{\pi t}} \ (\text{利用前面的注}),$$

故

$$f(x) = \frac{1}{2a\sqrt{\pi t}} e^{-\frac{x^2}{4a^2 t}}.$$

5. 求下列函数的拉普拉斯变换：

(1) $f(t)=\sin kt$，k 为实数；

(2) $f(t)=t^m$，m 为非负整数；

(3) $f(t)=\sin 2t\sin 3t$;

(4) $f(t)=\cosh \omega t$,ω 为实数;

(5) $f(t)=\mathrm{e}^{-\lambda t}\sinh \omega t$,$\lambda$,$\omega$ 均为实数.

这几个题都利用拉普拉斯变换定义来做,只要注意反常积分在什么范围内收敛.

(1)
$$\begin{aligned}\mathscr{L}[\sin kt]&=\int_0^{\infty}\sin kt\mathrm{e}^{-pt}\mathrm{d}t=-\frac{1}{p}\int_0^{\infty}\sin kt\mathrm{d}\mathrm{e}^{-pt}\\&=\left[\frac{\mathrm{e}^{-pt}}{p^2+k^2}(-p\sin kt-k\cos kt)\right]_0^{\infty}\\&=\frac{k}{p^2+k^2}\quad(\mathrm{Re}(p)>0).\end{aligned}$$

(2) 当 $m=0$ 时,

$$\mathscr{L}[t^0]=\int_0^{\infty}\mathrm{e}^{-pt}\mathrm{d}t=\frac{1}{p}\quad(\mathrm{Re}(p)>0),$$

当 $m=1$ 时,

$$\begin{aligned}\mathscr{L}[t]&=\int_0^{\infty}t\mathrm{e}^{-pt}\mathrm{d}t=-\frac{1}{p}\int_0^{\infty}t\mathrm{d}(\mathrm{e}^{-pt})\\&=-\frac{1}{p}\left(t\mathrm{e}^{-pt}\Big|_0^{\infty}-\int_0^{\infty}\mathrm{e}^{-pt}\mathrm{d}t\right)\\&=-\frac{1}{p}\left(t\mathrm{e}^{-pt}\Big|_0^{\infty}+\frac{1}{p}\mathrm{e}^{-pt}\Big|_0^{\infty}\right)\\&=\frac{1}{p^2}\quad(\mathrm{Re}(p)>0),\end{aligned}$$

当 $m=2$ 时,

$$\begin{aligned}\mathscr{L}[t^2]&=\int_0^{\infty}t^2\mathrm{e}^{-pt}\mathrm{d}t=-\frac{1}{p}\int_0^{\infty}t^2\mathrm{d}(\mathrm{e}^{-pt})\\&=\frac{2}{p}\int_0^{\infty}t\mathrm{e}^{-pt}\mathrm{d}t=\frac{2}{p}\cdot\frac{1}{p^2}=\frac{2!}{p^3}\quad(\mathrm{Re}(p)>0).\end{aligned}$$

对任意非负整数 m,很容易用数学归纳法得

$$\mathscr{L}[t^m]=\frac{m!}{p^{m+1}}\quad(\mathrm{Re}(p)>0).$$

(3) $\mathscr{L}[\sin 2t\sin 3t]=\mathscr{L}\left[\dfrac{\cos t-\cos 5t}{2}\right]$

$$=\frac{1}{2}\mathscr{L}[\cos t]-\frac{1}{2}\mathscr{L}[\cos 5t]$$

$$=\frac{12p}{(p^2+1)(p^2+25)}\quad(\mathrm{Re}(p)>0),$$

这里利用了 $\mathscr{L}[\cos kt]=\dfrac{p}{p^2+k^2}\quad(\mathrm{Re}(p)>0)$.

(4) $\mathscr{L}[\cosh \omega t]=\displaystyle\int_0^\infty \cosh \omega t\cdot \mathrm{e}^{-pt}\mathrm{d}t=\frac{1}{2}\int_0^\infty(\mathrm{e}^{\omega t}+\mathrm{e}^{-\omega t})\mathrm{e}^{-pt}\mathrm{d}t$

$$=\frac{1}{2}\left[\frac{1}{\omega-p}\mathrm{e}^{(\omega-p)t}-\frac{1}{\omega+p}\mathrm{e}^{-(\omega+p)t}\right]_0^\infty$$

$$=\frac{1}{2}\left(\frac{1}{p-\omega}+\frac{1}{p+\omega}\right)=\frac{p}{p^2-\omega^2}\quad(\mathrm{Re}(p)>|\omega|).$$

(5) $\mathscr{L}[\mathrm{e}^{-\lambda t}\sinh \omega t]=\displaystyle\int_0^\infty \sinh \omega t\cdot \mathrm{e}^{-(\lambda+p)t}\mathrm{d}t$

$$=\frac{1}{2}\int_0^\infty(\mathrm{e}^{\omega t}-\mathrm{e}^{-\omega t})\mathrm{e}^{-(\lambda+p)t}\mathrm{d}t$$

$$=\frac{\omega}{(p+\lambda)^2-\omega^2}\quad(\mathrm{Re}(p)>|\omega|-\lambda).$$

6. 证明拉普拉斯变换的下列性质:

(1) 若 $F(p)=\mathscr{L}[f(t)]$, $\mathrm{Re}(p)>c$,则

$$F^{(n)}(p)=(-1)^n\mathscr{L}[t^nf(t)],\quad \mathrm{Re}(p)>c;$$

(2) 若 $F(p)=\mathscr{L}[f(t)]$, $\mathrm{Re}(p)>c$,则

$$\mathscr{L}[\mathrm{e}^{at}f(t)]=F(p-a),\quad \mathrm{Re}(p-a)>c.$$

这两个性质的证明都不难.

(1) 由 $F(p)=\displaystyle\int_0^\infty f(t)\mathrm{e}^{-pt}\mathrm{d}t$ 及 $F(p)$ 是 p 的解析函数,所以可对 $F(p)$ 求任意阶导数,并且求导运算和积分运算可交换顺序(参阅本书 §1.5),即

$$F'(p)=\int_0^{\infty}(-t)f(t)\mathrm{e}^{-pt}\mathrm{d}t=(-1)\mathscr{L}[tf(t)].$$

一般地,可得

$$F^{(n)}(p)=(-1)^n\mathscr{L}[t^nf(t)],\quad \mathrm{Re}(p)>c.$$

(2) 按定义,

$$\mathscr{L}[\mathrm{e}^{at}f(t)]=\int_0^{\infty}\mathrm{e}^{at}f(t)\mathrm{e}^{-pt}\mathrm{d}t=\int_0^{\infty}f(t)\mathrm{e}^{-(p-a)t}\mathrm{d}t$$
$$=F(p-a),\quad \mathrm{Re}(p-a)>c.$$

7. 求下列函数的拉普拉斯逆变换:

(1) $F(p)=\dfrac{p}{p^2+1}$;

(2) $F(p)=\dfrac{1}{p^2(p^2+1)}$;

(3) $F(p)=\dfrac{p^2}{(p^2+1)^2}$;

(4) $F(p)=\dfrac{1}{p^2(p+1)}$.

这里 4 个像函数都是有理函数,它们的奇点都是极点,只要利用本书§1.4 中求极点留数的方法就很容易求出逆变换.

(1) 利用拉普拉斯逆变换的求法,只要计算函数 $F(p)\mathrm{e}^{pt}$ 在所有奇点处的留数.由 $F(p)$ 的表达式知,$F(p)$ 有两个单极点 $p_1=\mathrm{i},p_2=-\mathrm{i}$,故

$$f(t)=\mathscr{L}^{-1}\left[\frac{p}{p^2+1}\right]=\sum_{i=1}^{2}\operatorname*{Res}_{p=p_i}(F(p)\mathrm{e}^{pt})$$
$$=\operatorname*{Res}_{p=\mathrm{i}}\left(\frac{p}{p^2+1}\mathrm{e}^{pt}\right)+\operatorname*{Res}_{p=-\mathrm{i}}\left(\frac{p}{p^2+1}\mathrm{e}^{pt}\right)$$
$$=\frac{p}{2p}\mathrm{e}^{pt}\bigg|_{p=\mathrm{i}}+\frac{p}{2p}\mathrm{e}^{pt}\bigg|_{p=-\mathrm{i}}$$
$$=\frac{1}{2}(\mathrm{e}^{\mathrm{i}t}+\mathrm{e}^{-\mathrm{i}t})=\cos t,\quad t>0.$$

(2) 因 $\dfrac{1}{p^2(p^2+1)}=\dfrac{1}{p^2}-\dfrac{1}{p^2+1}$,所以

$$f(t)=\mathscr{L}^{-1}\left[\frac{1}{p^2(p^2+1)}\right]=\mathscr{L}^{-1}\left(\frac{1}{p^2}\right)-\mathscr{L}^{-1}\left(\frac{1}{p^2+1}\right)$$

$$= t - \sin t \quad (\text{利用第 5 题}).$$

(3) 由 $F(p)$的表达式知,$p=\pm i$ 是它的二阶极点,所以

$$\operatorname*{Res}_{p=i}(F(p)e^{pt}) = \lim_{p\to i}\frac{d}{dp}\left[(p-i)^2\frac{p^2}{(p^2+1)^2}e^{pt}\right] = \frac{1}{4}(te^{it} - ie^{it}),$$

$$\operatorname*{Res}_{p=-i}[F(p)e^{pt}] = \lim_{p\to -i}\frac{d}{dp}\left[(p+i)^2\frac{p^2}{(p^2+1)^2}e^{pt}\right] = \frac{1}{4}(ie^{-it} + te^{-it}),$$

所以

$$f(t) = \frac{1}{2}(\sin t + t\cos t).$$

(4) 由 $F(p)$的表达式知,$p=0$ 是 $F(p)$的二阶极点,$p=-1$ 是 $F(p)$的一阶极点.故

$$\operatorname*{Res}_{p=0}[F(p)e^{pt}] = \lim_{p\to 0}\frac{d}{dp}\left[p^2\cdot\frac{1}{p^2(p+1)}e^{pt}\right] = t-1,$$

$$\operatorname*{Res}_{p=-1}[F(p)e^{pt}] = e^{-t},$$

故

$$f(t) = e^{-t} + t - 1.$$

8. 用积分变换法解下列问题:

$$\begin{cases} \dfrac{\partial^2 u}{\partial x\partial y} = 1, & x>0, y>0, \\ u|_{x=0} = y+1, & y\geqslant 0, \\ u|_{y=0} = 1, & x\geqslant 0. \end{cases}$$

这是一个半无界问题,不能利用傅里叶变换求解,只能用拉普拉斯变换.根据 x,y 的变化范围及定解条件,对 x 及 y 都可作拉普拉斯变换.例如,对 y 作拉普拉斯变换并利用其微分性质,得

$$\frac{d}{dx}[pU(x,p) - 1] = \frac{1}{p},$$

$$U(x,p)|_{x=0} = \frac{1}{p^2} + \frac{1}{p}.$$

把 p 看作参数,通过对 x 积分可得

$$U(x,p)=\frac{1}{p^2}x+c.$$

由条件 $U(0,p)=\frac{p+1}{p^2}$,故 $c=\frac{p+1}{p^2}$,即

$$U(x,p)=\frac{1}{p^2}x+\frac{p+1}{p^2}=\frac{1}{p^2}x+\frac{1}{p^2}+\frac{1}{p}.$$

求逆变换得

$$u(x,y)=xy+y+1.$$

9. 求上半平面内静电场的电位,即解下列定解问题:

$$\begin{cases}\Delta u=0, & -\infty<x<+\infty, y>0,\\ u\big|_{y=0}=f(x), & -\infty<x<+\infty,\\ \lim\limits_{x^2+y^2\to+\infty} u=0.\end{cases}$$

在这个问题中,x 的变化范围是整个实轴$(-\infty,+\infty)$,y 的变化范围是$(0,+\infty)$,故从这一点来看,既可对 x 作傅里叶变换,也可以对 y 作拉普拉斯变换.但是由于方程中包含关于 x,y 的二阶导数,若利用对 y 的拉普拉斯变换,必须知道 u 及$\frac{\partial u}{\partial y}$在 $y=0$ 处的值,而条件中没有给出$\left.\frac{\partial u}{\partial y}\right|_{y=0}$的值,所以本题只能对 x 求傅里叶变换.记

$$U(\omega,y)=\mathscr{F}_x[u(x,y)],$$

通过取变换得

$$\begin{cases}\dfrac{\mathrm{d}^2U(\omega,y)}{\mathrm{d}y^2}+(\mathrm{i}\omega)^2U(\omega,y)=0, \quad y>0,\\ U(\omega,y)\big|_{y=0}=F(\omega),\\ \lim\limits_{y\to+\infty}U(\omega,y)=0.\end{cases}$$

这是关于 $U(\omega,y)$的一个二阶常系数线性常微分方程,其中 $F(\omega)=\mathscr{F}[f(x)]$,$\omega$ 是参数.它的通解是

$$U(\omega,y)=C_1\mathrm{e}^{\omega y}+C_2\mathrm{e}^{-\omega y},\quad C_1,C_2\text{ 是任意常数}.$$

当 $\omega>0$ 时，利用第二个条件得 $C_1=0$；当 $\omega<0$ 时，利用同一个条件得 $C_2=0$，故

$$U(\omega,y)=\begin{cases}C\mathrm{e}^{-\omega y}, & \omega>0,\\ C\mathrm{e}^{\omega y}, & \omega<0,\end{cases}$$

即 $U(\omega,y)=C\mathrm{e}^{-|\omega|y}$.

再利用第一个条件得 $U(\omega,0)=C=F(\omega)$，故

$$U(\omega,y)=F(\omega)\mathrm{e}^{-|\omega|y}.$$

由傅里叶变换简表可知

$$\mathscr{F}^{-1}\left[\frac{\pi}{y}\mathrm{e}^{-|\omega|y}\right]=\frac{1}{x^2+y^2},\quad y>0,$$

故

$$\mathscr{F}^{-1}[\mathrm{e}^{-|\omega|y}]=\frac{y}{\pi(x^2+y^2)},\quad y>0.$$

利用卷积定理得

$$u(x,y)=\frac{1}{\pi}\int_{-\infty}^{\infty}\frac{y}{(x-\tau)^2+y^2}f(\tau)\,\mathrm{d}\tau.$$

需要指出的是，在进行上述运算时，已经利用了积分与微分运算次序及积分与极限运算次序的交换.在方程的解还没有求出来之前，无法断定这种交换是否合理，所以只是形式上的做法.在求解定解问题时，通常都是这样做，先求出形式解，然后再补充一些条件，使形式解变成真正的解.

10. 用积分变换法解下列定解问题：

$$\begin{cases}\dfrac{\partial u}{\partial t}=a^2\dfrac{\partial^2 u}{\partial x^2}, & 0<x<l,t>0,\\ u\big|_{t=0}=u_0, & 0\leqslant x\leqslant l,\\ \dfrac{\partial u}{\partial x}\Big|_{x=0}=0,u\big|_{x=l}=u_1, & t>0,\end{cases}$$

其中 u_0,u_1 是常数.

这是一维热传导方程的初边值问题，只能利用对 t 取拉普拉斯变换求解.在方程及边界条件两端作关于 t 的拉普拉斯变换，并利用微分性质，得

$$pU(x,p)-u_0=a^2\frac{\mathrm{d}^2}{\mathrm{d}x^2}U(x,p),\quad 0<x<l,$$

$$\left.\frac{\mathrm{d}U}{\mathrm{d}x}\right|_{x=0}=0,\quad U(x,p)\mid_{x=l}=\frac{u_1}{p},$$

即

$$\begin{cases}\dfrac{\mathrm{d}^2}{\mathrm{d}x^2}U(x,p)-\dfrac{p}{a^2}U(x,p)+\dfrac{u_0}{a^2}=0,\quad 0<x<l,\\ U(l,p)=\dfrac{u_1}{p},\\ U_x(0,p)=0.\end{cases}$$

由此解得

$$U(x,p)=\frac{u_0\cosh\dfrac{\sqrt{p}}{a}l+(u_1-u_0)\cosh\dfrac{\sqrt{p}}{a}x}{p\cosh\dfrac{\sqrt{p}}{a}l}=\frac{A(p)}{B(p)}.$$

剩下的问题就是求逆变换,现在用第一章中§1.5的命题5来做.先求 $U(x,p)$ 关于 p 的极点,它们满足

$$p\cosh\frac{\sqrt{p}}{a}l=0\text{ 或 }p\cos\left(\mathrm{i}\frac{\sqrt{p}}{a}l\right)=0,$$

即

$$p_0=0,\quad p_k=-\frac{a^2\pi^2}{l^2}\left(k-\frac{1}{2}\right)^2,\quad k=1,2,\cdots.$$

这些都是单极点,求出 $U(x,p)\mathrm{e}^{pt}$ 在这些极点处的留数,并相加即得解 $u(x,t)$:

$$u(x,t)=\mathscr{L}^{-1}[U(x,p)]=\sum_{k=0}^{\infty}\operatorname*{Res}_{p_k}[U(x,p)\mathrm{e}^{pt}]=\sum_{k=0}^{\infty}\frac{A(p_k)}{B'(p_k)}\mathrm{e}^{p_kt}$$

$$=u_1+4(u_0-u_1)\sum_{n=0}^{\infty}\frac{(-1)^n}{(2n+1)\pi}\mathrm{e}^{-\frac{(2n+1)^2\pi^2a^2}{4l^2}t}\cos\frac{(2n+1)\pi}{2l}x.$$

11. 用积分变换法求解下列定解问题:

$$\begin{cases}\dfrac{\partial^2 u}{\partial t^2}=\dfrac{\partial^2 u}{\partial x^2}, & -\infty<x<+\infty, t>0,\\ u\big|_{t=0}=\varphi(x), & -\infty<x<+\infty,\\ \dfrac{\partial u}{\partial t}\Big|_{t=0}=\psi(x), & -\infty<x<+\infty.\end{cases}$$

这是一维波动方程的初值问题,从变量的变化范围及初值条件来看,既可以用对 x 取傅里叶变换,也可以用对 t 取拉普拉斯变换来求解.但是若用拉普拉斯变换来求解,在对方程取变换后,得到像函数关于 x 的二阶常微分方程,要求这个常微分方程的特解,必须要有定解条件,而已有的初值条件在建立方程时已经用过了,所以只有根据物理意义另外补充条件,问题就变得复杂了,故下面用傅里叶变换求解.记

$$U(\omega,t)=\mathscr{F}[u(x,t)],$$

则通过对方程及初值条件取变换,得

$$\begin{cases}\dfrac{\mathrm{d}^2}{\mathrm{d}t^2}U(\omega,t)=(\mathrm{i}\omega)^2U(\omega,t)=-\omega^2U(\omega,t),\\ \qquad\qquad\qquad\qquad -\infty<\omega<+\infty, t>0,\\ U\big|_{t=0}=\Phi(\omega), \qquad -\infty<\omega<+\infty,\\ \dfrac{\mathrm{d}U}{\mathrm{d}t}\Big|_{t=0}=\Psi(\omega), \qquad -\infty<\omega<+\infty,\end{cases}$$

其中

$$\Phi(\omega)=\mathscr{F}[\varphi(x)],\quad \Psi(\omega)=\mathscr{F}[\psi(x)],$$

解上述方程,得

$$U(\omega,t)=\Phi(\omega)\cos\omega t+\frac{\Psi(\omega)}{\omega}\sin\omega t.$$

为了计算逆变换,利用欧拉公式,把 $\cos\omega t$ 和 $\sin\omega t$ 用指数函数表示得

$$U(\omega,t)=\frac{\Phi(\omega)}{2}(\mathrm{e}^{\mathrm{i}\omega t}+\mathrm{e}^{-\mathrm{i}\omega t})+\frac{\Psi(\omega)}{2\mathrm{i}\omega}(\mathrm{e}^{\mathrm{i}\omega t}-\mathrm{e}^{-\mathrm{i}\omega t}).$$

下面以计算 $\Phi(\omega)\mathrm{e}^{\mathrm{i}\omega t}$ 为例说明如何求这一项的逆变换.利用 δ 函数的定义,知

$$\mathscr{F}[\delta(x+t)]=\int_{-\infty}^{+\infty}\delta(x+t)\mathrm{e}^{-\mathrm{i}\omega x}\mathrm{d}x=\int_{-\infty}^{+\infty}\mathrm{e}^{-\mathrm{i}\omega x}\delta[x-(-t)]\mathrm{d}x$$

$$= e^{-i\omega(-t)} = e^{i\omega t},$$

所以

$$\mathscr{F}^{-1}[e^{i\omega t}] = \delta(x+t),$$

再利用傅里叶变换的卷积性质知

$$\begin{aligned}\mathscr{F}^{-1}[\Phi(\omega)e^{i\omega t}] &= \varphi(x) * \delta(x+t)\\ &= \int_{-\infty}^{+\infty}\delta(\xi+t)\varphi(x-\xi)\mathrm{d}\xi = \varphi(x+t).\end{aligned}$$

其他几项也可类似计算,不过对诸如$\dfrac{\Psi(\omega)}{i\omega}e^{i\omega t}$还需要利用积分性质.

最后所得到的解的表达式为

$$u(x,t) = \frac{1}{2}[\varphi(x+t)+\varphi(x-t)] + \frac{1}{2}\int_{x-t}^{x+t}\psi(\xi)\mathrm{d}\xi,$$

这就是达朗贝尔公式.

12. 求解下列初值问题:

$$\begin{cases}\dfrac{\partial^2 u}{\partial t^2} = \dfrac{\partial^2 u}{\partial x^2} + \dfrac{xt}{(1+x^2)^2}, & -\infty < x < +\infty, t>0,\\ u\big|_{t=0} = 0, \dfrac{\partial u}{\partial t}\Big|_{t=0} = \dfrac{1}{1+x^2}, & -\infty < x < +\infty.\end{cases}$$

从方程及定解条件来看,此题至少有两种解法,其一是利用傅里叶变换来解,其二是行波法.若用傅里叶变换求解,就要遇到求函数$\dfrac{1}{1+x^2}$及$\dfrac{x}{(1+x^2)^2}$的傅里叶变换,但这两个变换都不容易求,不过可以不必把变换具体求出来,因为在求$u(x,t)$时,还要求逆变换.下面就具体讲,记

$$\mathscr{F}[u(x,t)] = U(\omega,t),\quad \mathscr{F}\left[\frac{1}{1+x^2}\right] = \varphi(\omega),$$

$$\mathscr{F}\left[\frac{x}{(1+x^2)^2}\right] = f(\omega),$$

则通过取变换后,得

$$\begin{cases}\dfrac{\mathrm{d}^2}{\mathrm{d}t^2}U(\omega,t) = -\omega^2 U(\omega,t) + tf(\omega), & -\infty < \omega < +\infty, t>0,\\ U\big|_{t=0} = 0, \dfrac{\mathrm{d}U}{\mathrm{d}t}\Big|_{t=0} = \varphi(\omega), & -\infty < \omega < +\infty,\end{cases}$$

由此不难解得

$$U(\omega,t)=\frac{f(\omega)}{\omega^2}t+\frac{1}{\omega}\left[\varphi(\omega)-\frac{f(\omega)}{\omega^2}\right]\sin\omega t.$$

下面的任务就是求 $U(\omega,t)$ 关于 ω 的逆变换,这里要用到卷积性质与积分性质,例如

$$\begin{aligned}\mathscr{F}^{-1}\left[\frac{f(\omega)}{\omega^2}\right]&=-\mathscr{F}^{-1}\left[\frac{f(\omega)}{(\mathrm{i}\omega)^2}\right]=-\int_{-\infty}^{x}\int_{-\infty}^{t}\frac{\tau}{(1+\tau^2)^2}\mathrm{d}\tau\mathrm{d}t\\&=\frac{1}{2}\int_{-\infty}^{x}\int_{-\infty}^{t}\mathrm{d}\frac{1}{(1+\tau^2)}\mathrm{d}t=\frac{1}{2}\int_{-\infty}^{x}\frac{\mathrm{d}t}{1+t^2}\\&=\frac{1}{2}\arctan x.\end{aligned}$$

另外几项读者可以自己计算出来,要注意在计算 $\sin\omega t$ 的逆变换时,应将 $\sin\omega t$ 用指数函数表示出来,即

$$\sin\omega t=\frac{\mathrm{e}^{\mathrm{i}\omega t}-\mathrm{e}^{-\mathrm{i}\omega t}}{2\mathrm{i}},$$

并利用 $\mathscr{F}[\delta(x-t)]=\mathrm{e}^{-\mathrm{i}\omega t}$ 及 $\mathscr{F}[\delta(x+t)]=\mathrm{e}^{\mathrm{i}\omega t}$.

若用行波法求解应注意这里的方程是非齐次的,应该按本节一开始所讲的方法来做,所得解的表达式为

$$u(x,t)=\frac{1}{2}\int_{x-t}^{x+t}\frac{1}{1+\xi^2}\mathrm{d}\xi+\frac{1}{2}\int_0^t\int_{x-(t-\tau)}^{x+(t-\tau)}\frac{\xi\tau}{(1+\xi^2)^2}\mathrm{d}\xi\mathrm{d}\tau,$$

右端的积分并不难算,答案是

$$\begin{aligned}u(x,t)=&\frac{1}{8}\ln\frac{1+(x+t)^2}{1+(x-t)^2}+\frac{t}{2}\arctan x+\\&\frac{2-x}{4}[\arctan(x+t)-\arctan(x-t)]-\\&\frac{t}{4}[\arctan(x+t)+\arctan(x-t)].\end{aligned}$$

13. 求下列古尔萨(**Goursat**)问题的解:

$$\begin{cases}\dfrac{\partial^2u}{\partial t^2}=\dfrac{\partial^2u}{\partial x^2}, & -t<x<t,t>0,\\ u|_{t=-x}=\varphi(x), & x\leqslant 0,\\ u|_{t=x}=\psi(x), & x\geqslant 0,\end{cases}$$

其中 $\varphi(0)=\psi(0)$.

这里所讲的古尔萨问题是一个未涉及的新问题，只有波动方程才会谈到，它的提法与初值问题及初边值问题都不同.其特点是定解条件中的已知数据是给在两条特征线上.对这个方程而言，它的特征线是

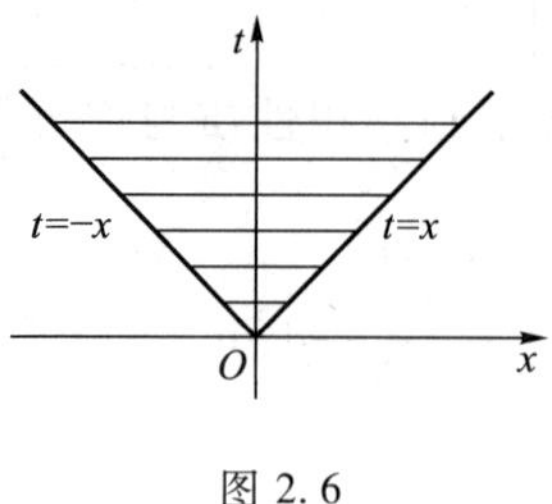

图 2.6

$$t \pm x = \text{常数}.$$

特别是过原点有两条特征线，$t=x$ 及 $t=-x$.图 2.6 中阴影部分是求解的区域.

这个问题仍可用行波法来解.令

$$\xi = x + t,$$

$$\eta = x - t,$$

则原问题变为

$$\begin{cases} \dfrac{\partial^2 u}{\partial\xi\partial\eta} = 0, & \xi > 0, \eta < 0, \\ u\big|_{\xi=0} = \varphi\left(\dfrac{\eta}{2}\right), & \eta \leqslant 0, \\ u\big|_{\eta=0} = \psi\left(\dfrac{\xi}{2}\right), & \xi \geqslant 0. \end{cases}$$

通过积分可得通解为

$$u(\xi,\eta) = f(\xi) + g(\eta),$$

其中 f,g 是任意函数，再代入边界条件得

$$\varphi\left(\frac{\eta}{2}\right) = f(0) + g(\eta),$$

$$\psi\left(\frac{\xi}{2}\right) = f(\xi) + g(0).$$

故

$$f(\xi) = \psi\left(\frac{\xi}{2}\right) - g(0),$$

$$g(\eta) = \varphi\left(\frac{\eta}{2}\right) - f(0),$$

即

$$u(\xi,\eta)=\varphi\left(\frac{\eta}{2}\right)+\psi\left(\frac{\xi}{2}\right)-f(0)-g(0).$$

但

$$f(0)=\psi(0)-g(0),$$

$$g(0)=\varphi(0)-f(0),$$

由此可得

$$f(0)+g(0)=\frac{\varphi(0)+\psi(0)}{2}=\varphi(0),$$

因此最后可得解

$$u(x,t)=\varphi\left(\frac{x-t}{2}\right)+\psi\left(\frac{x+t}{2}\right)-\varphi(0).$$

§ 2.4　拉普拉斯方程的格林函数法

2.4.1　内容的评述

格林函数法只适用于拉普拉斯方程与泊松方程，教材中只是以三维方程第一边值问题（即狄利克雷问题）为例说明了这个方法的基本思想以及两个特殊区域（上半空间、球形区域）内格林函数的求法，将二维方程的问题放在习题里了.

在格林函数法中有几点需要特别强调：

第一，拉普拉斯方程的基本解.

函数

$$\Gamma(\boldsymbol{x})=\begin{cases}\dfrac{1}{r^{n-2}}, & n\neq 2,\\[2ex] \ln\dfrac{1}{r}, & n=2\end{cases}$$

称为 n **维拉普拉斯方程的基本解**，其中 r 是 $\mathbf{R}^n$ 中两点 $\boldsymbol{x}=(x_1,x_2,\cdots,x_n)$，$\boldsymbol{x}^0=(x_1^0,x_2^0,\cdots,x_n^0)$之间的距离，即 $r=\sqrt{\sum\limits_{i=1}^{n}(x_i-x_i^0)^2}$. 有时把基本解写成

$$\Gamma(\boldsymbol{x})=\begin{cases}\dfrac{1}{\omega_n}\dfrac{1}{r^{n-2}}, & n\neq 2,\\[2ex] \dfrac{1}{2\pi}\ln\dfrac{1}{r}, & n=2,\end{cases}$$

其中，ω_n 是 $\mathbf{R}^n$ 内单位球面的表面积.

基本解的主要特征是在 $\boldsymbol{x}=\boldsymbol{x}^0$ 处有奇性，但除了这一点以外它满足拉普拉斯方程.在 $\boldsymbol{x}^0$ 处有奇性很重要，正因为这一点才能获得调和函数的积分表达式.

第二，调和函数的积分表达式.

设 $\Omega\subset\mathbf{R}^3$ 是有界区域，Γ 表示 Ω 的边界，$M(x,y,z)$ 与 $M_0(x_0,y_0,z_0)$ 是两个点，$r=\sqrt{(x-x_0)^2+(y-y_0)^2+(z-z_0)^2}$，$u$ 是 Ω 内的调和函数，则利用微积分中的格林公式及基本解的特性可得

$$-\iint_{\Gamma}\left(u\frac{\partial}{\partial n}\left(\frac{1}{r}\right)-\frac{1}{r}\frac{\partial u}{\partial n}\right)\mathrm{d}S=\begin{cases}0, & M_0\notin\overline{\Omega},\\[1ex] 2\pi u(M_0), & M_0\in\Gamma,\\[1ex] 4\pi u(M_0), & M_0\in\Omega.\end{cases}$$

所以在 Ω 内可以把调和函数表示成

$$u(M_0)=-\frac{1}{4\pi}\iint_{\Gamma}\left(u\frac{\partial}{\partial n}\left(\frac{1}{r}\right)-\frac{1}{r}\frac{\partial u}{\partial n}\right)\mathrm{d}S,$$

这就是调和函数的积分表达式，它说明只要知道调和函数 u 及其法向导数 $\dfrac{\partial u}{\partial n}$ 在 Ω 边界 Γ 上的值，就可确定 u 在 Ω 内任一点的值.但这个式子并不能直接用来求解拉普拉斯方程的边值问题，因为对第一边值问题只已知 u 在 Γ 上的值，而不知道 $\dfrac{\partial u}{\partial n}$ 在 Γ 上的值，对第二边值问题只已知 $\dfrac{\partial u}{\partial n}$ 在 Γ 上的值，而不知道 u 在 Γ 上的值，所以为了利用它表达定解问题的解，就必须设法消去两者中的一个.例如，要求解第一边值问题就必须消去上式右端含 $\dfrac{\partial u}{\partial n}$ 的一项，若要求解第二边值问题就应设法消去含 u 的项.教材是利用它求第一边值问题的解，其实读者也可以采用教材介绍的方法引入类似于格林函数的一个新函数，以表达第二边值问题的解.

第三,格林函数.

基于上述的思想,为消去调和函数积分表达式右端含$\dfrac{\partial u}{\partial n}$的项,故引入了一个"新"函数——格林函数,它是点 M 与 M_0 的函数,记作 $G(M,M_0)$,其表达式为

$$G(M,M_0)=\frac{1}{4\pi r_{M_0M}}-v,$$

其中 v 由

$$\begin{cases}\Delta v=0,\text{在 }\Omega\text{ 内},\\ v\big|_\Gamma=\dfrac{1}{4\pi r_{M_0M}}\Big|_\Gamma\end{cases}$$

确定,即为了确定格林函数 $G(M,M_0)$,必须先确定 v,而确定 v 又需要求解一个特殊的第一边值问题,所谓特殊是指边界条件中右端项(或称边界数据)正好是基本解在边界 Γ 上的值.所以格林函数法的实质是将在 Ω 内求一般的第一边界问题(即边界数据是 Γ 上的任意函数)转化为求一个特殊的第一边值问题.

一般来说,这个特殊的边值问题也不容易求解,幸好对特殊的区域,格林函数可以由其物理意义用初等的方法来获得,从这个角度看,格林函数方法还是有意义的.

2.4.2 习题的启示与解答

1. 证明平面上的格林公式

$$\iint_D(v\Delta u-u\Delta v)\,\mathrm{d}\sigma=\int_C\left(v\frac{\partial u}{\partial n}-u\frac{\partial v}{\partial n}\right)\mathrm{d}s,$$

其中 C 是闭区域 D 的边界曲线,$\mathrm{d}s$ 是弧微分.

这个结果的证明并不困难,完全可以仿效教材中对三维情形的做法,在三维情形是从高斯公式出发,在二维情形则是利用二重积分的格林公式.当然这里仍然要假设函数 u,v 在 D 内二次连续可微,在 $\overline{D}$ 上一次连续可微.应该注意的是,这里应利用下列形式的格林公式

$$\iint_D\left(\frac{\partial P}{\partial x}+\frac{\partial Q}{\partial y}\right)\mathrm{d}x\mathrm{d}y=\int_C(P\cos\alpha+Q\cos\beta)\,\mathrm{d}s,$$

其中($\cos\alpha,\cos\beta$)是 C 上单位外法向量, P 与 Q 在 $\overline{D}$ 上连续,在 D 内一次连续可微.

在格林公式中,先取 $P=u\dfrac{\partial v}{\partial x},Q=u\dfrac{\partial v}{\partial y}$ 得

$$\iint_D u\Delta v\mathrm{d}x\mathrm{d}y+\iint_D \mathbf{grad}\ u\cdot\mathbf{grad}\ v\mathrm{d}x\mathrm{d}y=\int_C u\frac{\partial v}{\partial n}\mathrm{d}s,$$

再取 $P=v\dfrac{\partial u}{\partial x},Q=v\dfrac{\partial u}{\partial y}$ 得

$$\iint_D v\Delta u\mathrm{d}x\mathrm{d}y+\iint_D \mathbf{grad}\ u\cdot\mathbf{grad}\ v\mathrm{d}x\mathrm{d}y=\int_C v\frac{\partial u}{\partial n}\mathrm{d}s,$$

两式相减即得所要证的公式.

2. 验证 $u=\ln\dfrac{1}{\rho}$ 是二维拉普拉斯方程的解(称为基本解),其中

$$\rho=\sqrt{(x-x_0)^2+(y-y_0)^2}.$$

只要证明除 (x_0,y_0) 以外,这个函数满足二维拉普拉斯方程.

3. 在二维情况,建立调和函数类似于公式(4.12)的积分表达式.

这里所说的公式(4.12)就是在本书2.4.1小节中所讲的调和函数的积分表达式.与三维情形的相同之处是:(1) 都从第二格林公式出发,(2) 基本解在点 (x_0,y_0) 有奇性.与三维情形的不同之处是:在二维情形为了避开基本解的奇性,如图2.7在 Ω 内挖出一个以 $M_0(x_0,y_0)$ 为中心、以 ε 为半径的圆域 D_ε.

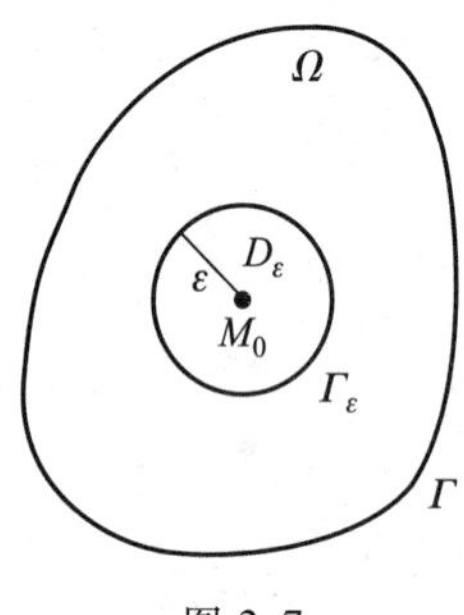

图 2.7

以 Ω 表示平面上的一个区域,其边界为 Γ,以 D_ε 表示位于 Ω 内的以 $M_0(x_0,y_0)$ 为圆心、以 ε 为半径的圆,其边界为 Γ_ε.令 u 是 Ω 内的调和函数,它在 $\overline{\Omega}$ 上是一次连续可微的,记

$$v=\ln\frac{1}{\rho}=\ln\frac{1}{\sqrt{(x-x_0)^2+(y-y_0)^2}}.$$

在 $\Omega\backslash D_\varepsilon$ 内,就 u,v 利用第二格林公式得

$$\iint_{\Omega\backslash D_\varepsilon}\left(\ln\frac{1}{\rho}\Delta u-u\Delta\ln\frac{1}{\rho}\right)\mathrm{d}x\mathrm{d}y$$

$$= \int_{\Gamma+\Gamma_\varepsilon} \left[\ln \frac{1}{\rho} \frac{\partial u}{\partial n} - u \frac{\partial}{\partial n}\left(\ln \frac{1}{\rho} \right) \right] \mathrm{d}s,$$

即

$$\int_{\Gamma+\Gamma_\varepsilon} \left[\ln \frac{1}{\rho} \frac{\partial u}{\partial n} - u \frac{\partial}{\partial n}\left(\ln \frac{1}{\rho} \right) \right] \mathrm{d}s = 0.$$

然后与三维情形做一样的处理,可得

$$u(M_0) = \frac{1}{2\pi} \int_{\Gamma} \left[\ln \frac{1}{\rho} \frac{\partial u}{\partial n} - u \frac{\partial}{\partial n}\left(\ln \frac{1}{\rho} \right) \right] \mathrm{d}s.$$

4. 试定义二维拉普拉斯方程边值问题的格林函数,并导出类似于(4.23)的平面上狄利克雷问题解的表达式.

和三维情形一样,第 3 题中所导出的调和函数的积分表达式不能直接用于求解拉普拉斯方程的边值问题,因为该式的右端积分中既含有 u 又含有$\frac{\partial u}{\partial n}$.要想用它表示狄利克雷问题的解,就要设法消去$\frac{\partial u}{\partial n}$,为此任取一个在 Ω 内的调和函数 v,且设 v 在$\overline{\Omega}$上是一次连续可微的,由第二格林公式得

$$0 = \int_{\Gamma} \left(v \frac{\partial u}{\partial n} - u \frac{\partial v}{\partial n} \right) \mathrm{d}s,$$

这里的 u 就是第 3 题中所说的调和函数.将两式相减,得

$$u(M_0) = \int_{\Gamma} \left\{ u \left[\frac{\partial v}{\partial n} - \frac{1}{2\pi} \frac{\partial}{\partial n}\left(\ln \frac{1}{\rho} \right) \right] + \left(\frac{1}{2\pi} \ln \frac{1}{\rho} - v \right) \frac{\partial u}{\partial n} \right\} \mathrm{d}s,$$

取 v 满足

$$v \big|_{\Gamma} = \frac{1}{2\pi} \ln \frac{1}{\rho} \bigg|_{\Gamma},$$

则上式右端积分中含$\frac{\partial u}{\partial n}$这一项就消去了,即

$$u(M_0) = -\int_{\Gamma} u \frac{\partial}{\partial n}\left(\frac{1}{2\pi} \ln \frac{1}{\rho} - v \right) \mathrm{d}s.$$

令

$$G(M,M_0)=\frac{1}{2\pi}\ln\frac{1}{\rho}-v,$$

这里的函数 $G(M,M_0)$ 就是二维拉普拉斯的格林函数,利用格林函数可以把二维狄利克雷问题

$$\begin{cases}\Delta u=0, & 在\ \Omega\ 内,\\ u\big|_{\Gamma}=\varphi(M), & M\in\Gamma\end{cases}$$

的解表示为

$$u(M_0)=-\int_{\Gamma}\varphi\frac{\partial G}{\partial n}\mathrm{d}s,$$

其中 M_0 是 Ω 内任一点.

5. 求证圆域 $x^2+y^2\leqslant R^2$ 的格林函数为

$$G(M,M_0)=\frac{1}{2\pi}\left(\ln\frac{1}{r_{M_0M}}-\ln\frac{R}{\rho_0}\frac{1}{r_{M_1M}}\right),$$

并由此推出圆内狄利克雷问题的泊松公式(2.36).

按照定义,二维问题的格林函数为

$$G(M,M_0)=\frac{1}{2\pi}\ln\frac{1}{r_{M_0M}}-v,$$

其中 v 由

$$\begin{cases}\Delta v=0, & 在\ \Omega\ 内,\\ v\big|_{\Gamma}=\dfrac{1}{2\pi}\ln\dfrac{1}{r_{M_0M}}, & M\in\Gamma\end{cases}$$

确定,

$$r_{M_0M}=\sqrt{(x-x_0)^2+(y-y_0)^2}.$$

为了求出 $G(M,M_0)$,只要求出调和函数 v.对于圆形区域 Ω,我们采用教材§4.4 中关于球域所用的方法——镜像法,如图 2.8.右端的 M_1 是 M_0 关于圆周 Γ 的反演点,即满足

$$OM_0\cdot OM_1=R^2,$$

其中点 O 是圆域 Ω 的圆心,R 是其半径.推导的细节与球域情形完全一样,请读者自己完成.

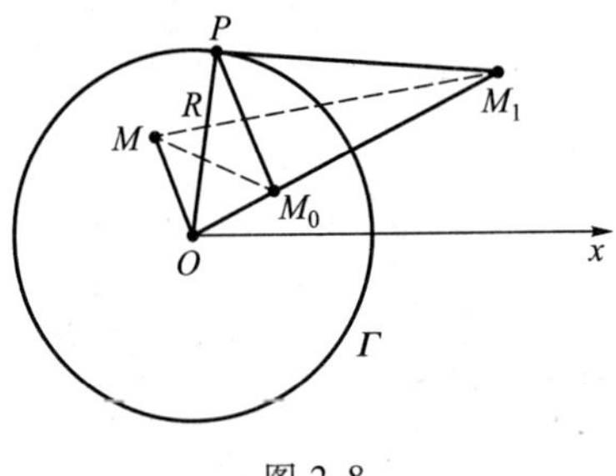

图 2.8

记 $OM_0=\rho_0, OM_1=\rho_1, OM=\rho, \angle MOM_0=\gamma$，由余弦定理得

$$r_{M_0M}=\sqrt{\rho_0^2+\rho^2-2\rho_0\rho\cos\gamma},$$

$$r_{M_1M}=\sqrt{\rho_1^2+\rho^2-2\rho_1\rho\cos\gamma}.$$

由于

$$\rho_0\rho_1=R^2,$$

故

$$G(M,M_0)=\frac{1}{2\pi}\left[\ln\frac{1}{\sqrt{\rho_0^2+\rho^2-2\rho_0\rho\cos\gamma}}-\ln\frac{R}{\sqrt{R^4+\rho_0^2\rho^2-2R^2\rho_0\rho\cos\gamma}}\right].$$

由此式再求出

$$\left.\frac{\partial G}{\partial n}\right|_{\Gamma}=\left.\frac{\partial G}{\partial \rho}\right|_{\rho=R}=\frac{1}{2\pi R}\cdot\frac{\rho_0^2-R^2}{\rho_0^2+R^2-2\rho_0R\cos\gamma}.$$

若令 $\angle xOM_0=\theta_0, \angle xOM=\theta$，则 $\gamma=\theta-\theta_0$. 由 $\mathrm{d}s=R\mathrm{d}\theta$，则得圆内狄利克雷问题的解为

$$u(\rho_0,\theta_0)=\frac{1}{2\pi}\int_0^{2\pi}\varphi(\theta)\frac{R^2-\rho_0^2}{R^2+\rho_0^2-2R\rho_0\cos(\theta-\theta_0)}\mathrm{d}\theta,$$

这就是教材(2.36)所表示的泊松公式，其中 $\varphi(\theta)$ 是狄利克雷问题的边界数据.

6. 用二维问题的格林函数法求下列上半平面狄利克雷问题的解：

$$\begin{cases}u_{xx}+u_{yy}=0, & -\infty<x<+\infty, y>0,\\ u|_{y=0}=\varphi(x), & -\infty<x<+\infty.\end{cases}$$

这个题是在上半平面内求解狄利克雷问题. 类似于教材 § 4.4 中上半空间的狄利克雷问题的做法，先要找出上半空间内的格林函数. 如图 2.9

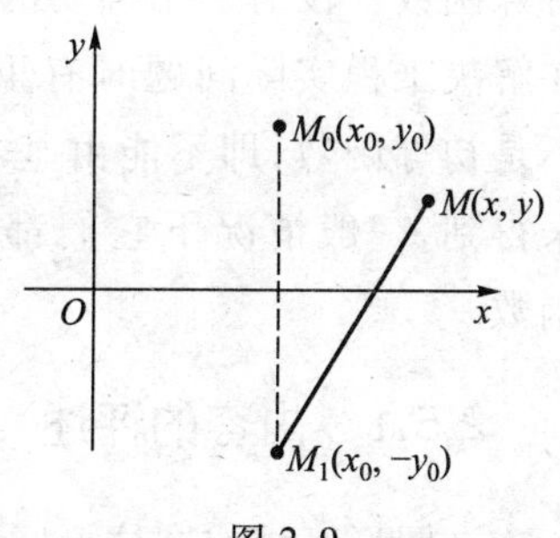

图 2.9

所示，函数$\frac{1}{2\pi}\ln\frac{1}{r_{M_1M}}$，当 M 落在上半平面内时是调和函数，且当 $y=0$ 时(即 M 点落在上半平面的边界上)，$\ln\frac{1}{r_{M_0M}}=\ln\frac{1}{r_{M_1M}}$，故上半平面的格林函数为

$$G(M,M_0)=\frac{1}{2\pi}\left(\ln\frac{1}{r_{M_0M}}-\ln\frac{1}{r_{M_1M}}\right)=\frac{1}{2\pi}\ln\frac{r_{M_1M}}{r_{M_0M}}$$

$$=\frac{1}{2\pi}\ln\frac{\sqrt{(x-x_0)^2+(y+y_0)^2}}{\sqrt{(x-x_0)^2+(y-y_0)^2}}.$$

对上半平面而言，其边界的外法向方向就是 y 轴的负方向，故

$$\left.\frac{\partial G}{\partial n}\right|_{\Gamma}=-\left.\frac{\partial G}{\partial y}\right|_{y=0}=\frac{1}{\pi}\frac{y_0}{(x-x_0)^2+y_0^2}.$$

因此，所求的狄利克雷问题的解为

$$u(x_0,y_0)=\frac{1}{\pi}\int_{-\infty}^{+\infty}\frac{y_0}{(x-x_0)^2+y_0^2}\varphi(x)\,\mathrm{d}x.$$

如果把(x_0,y_0)用(x,y)代替，则解可表示成

$$u(x,y)=\frac{1}{\pi}\int_{-\infty}^{+\infty}\frac{y}{(x-\xi)^2+y^2}\varphi(\xi)\,\mathrm{d}\xi.$$

§2.5　贝塞尔函数

教材中第五章与第六章是讲特殊函数的，一个是贝塞尔(Bessel)函数，另一个是勒让德(Legendre)多项式，但特殊函数绝不是只有这两种.什么叫特殊函数？没有一个确切的定义.通常的理解包含两个含义：第一，这些函数在解决工程实际问题时有重要的作用，地位特殊；第二，这些函数一般说来不是初等函数，即不能由基本初等函数经过有限次四则运算和有限次复合来得到，一般情况下它们都是用收敛的无穷级数来表达.接下来讲贝塞尔函数.

2.5.1　内容的评述

在圆形区域或圆柱形区域内求解定解问题时，就会出现下列形式的二阶

线性常微分方程

$$x^2\frac{d^2y}{dx^2}+x\frac{dy}{dx}+(x^2-n^2)y=0,$$

其中 n 为常数,这个方程就称为 n 阶贝塞尔方程.它有什么特点呢？首先它是一个变系数的二阶线性常微分方程,其次是 y' 与 y'' 前的系数在 $x=0$ 处为零,即在 $x=0$ 处方程退化了,如果用 x^2 除方程两端,则 y 与 y' 前的系数在 $x=0$ 时有奇性.正因为如此,所以在用幂级数法求解时,要设解为

$$y=x^c\sum_{n=0}^{\infty}a_nx^n.$$

方程的解就称为 n 阶贝塞尔函数.利用级数解法可得它的两个特解

$$J_n(x)=\sum_{m=0}^{\infty}(-1)^m\frac{x^{n+2m}}{2^{n+2m}m!\Gamma(n+m+1)},$$

$$J_{-n}(x)=\sum_{m=0}^{\infty}(-1)^m\frac{x^{-n+2m}}{2^{-n+2m}m!\Gamma(-n+m+1)},$$

其中 $\Gamma(x)$ 是 Γ 函数.为了和其他类型的贝塞尔函数相区分,我们称 $J_n(x)$, $J_{-n}(x)$ 是第一类贝塞尔函数.

对于贝塞尔方程和贝塞尔函数,应该强调以下几点:

(1) 贝塞尔方程的通解

当 n 不是整数且 $n\neq 0$ 时,可以看出 $J_n(x)$ 与 $J_{-n}(x)$ 是线性无关的,这是因为 $J_n(0)=0, J_{-n}(0)=\infty$.所以这时贝塞尔方程的通解为

$$y=C_1J_n(x)+C_2J_{-n}(x),$$

其中 C_1, C_2 是任意常数.当 $n=0$ 时,我们只得到了一个特解 $J_0(x)$,要想得到通解还必须找到一个与 $J_0(x)$ 线性无关的特解.当 n 为其他整数时,容易说明 $J_n(x)$ 与 $J_{-n}(x)$ 是线性相关的,所以它们也不能构成通解.总之,当 n 为零及整数时还要找一个与 $J_n(x)$ 线性无关的特解,这个解就是第二类贝塞尔函数,它的定义为

$$Y_n(x)=\begin{cases}\dfrac{J_n(x)\cos n\pi-J_{-n}(x)}{\sin n\pi}, & n\neq\text{整数},\\[2ex] \lim\limits_{\alpha\to n}\dfrac{J_\alpha(x)\cos\alpha\pi-J_{-\alpha}(x)}{\sin\alpha\pi}, & n=\text{整数}.\end{cases}$$

因此,不论 n 是否为整数,贝塞尔方程的通解均可表示为

$$y=C_1J_n(x)+C_2Y_n(x).$$

特别应该强调的是:$J_n(x)$表示一个在整个数轴上都绝对收敛的幂级数的和,所以它在每个指定的点都取有限的值,特别是在 $x=0$ 处的值 $J_n(0)$是有限的,而 $Y_n(x)$在 $x=0$ 处的值为无穷大.这个事实对于利用贝塞尔函数求解定解问题非常重要.

(2) 贝塞尔函数的递推关系

当 n 取不同值时就得到不同阶的贝塞尔函数,而这些不同阶的贝塞尔函数之间是存在一定关系的,这些关系称为递推关系.以第一类贝塞尔函数为例,它们是

$$J'_0(x)=-J_1(x),\quad \frac{\mathrm{d}}{\mathrm{d}x}[xJ_1(x)]=xJ_0(x),$$

$$\frac{\mathrm{d}}{\mathrm{d}x}[x^nJ_n(x)]=x^nJ_{n-1}(x),\quad \frac{\mathrm{d}}{\mathrm{d}x}[x^{-n}J_n(x)]=-x^{-n}J_{n+1}(x),$$

$$J_{n-1}(x)+J_{n+1}(x)=\frac{2}{x}nJ_n(x),\quad J_{n-1}(x)-J_{n+1}(x)=2J'_n(x).$$

这些公式有什么作用呢? 第一,它们对计算贝塞尔函数的值很有用.例如,只要已知了零阶和一阶贝塞尔函数在某点处的值,就可求出$J_2(x)$在该点的值,有了 $J_1(x)$与 $J_2(x)$在该点的值又可求出$J_3(x)$在该点的值,依此类推就可以把所有正整数阶贝塞尔函数的值计算出来.类似地,若已知 $J_0(x)$,$J_{-1}(x)$的值则可以计算所有负整数阶贝塞尔函数的值.第二,在计算一些包含有贝塞尔函数的积分时,也要利用这些递推关系,特别是在计算一个函数按贝塞尔函数系展开式的系数时就是如此.

(3) 贝塞尔函数系的正交完全性

在谈到贝塞尔函数系时,首先要搞清楚它是由哪些函数组成的.可以证明:对任意 n,函数 $J_n(x)$有无穷多个单重实的零点,而且这些零点在数轴上关于原点是对称分布的.以$\mu_m^{(n)}$($m=1,2,\cdots$)表示 $J_n(x)$所有非负的零点,R 表示任意固定的正数,则所说的函数系就是$\left\{J_n\left(\frac{\mu_m^{(n)}}{R}x\right):m=1,2,\cdots\right\}$.

此外,这里所说的正交性,也与本书第一章所讲的三角函数系的正交性有所不同,它是一种叫做**带权的正交性**,这种正交性在教材的§2.6中已经提到过.具体地讲,上述函数系有如下的正交性

$$\int_0^R xJ_n\left(\frac{\mu_m^{(n)}}{R}x\right)J_n\left(\frac{\mu_k^{(n)}}{R}x\right)\mathrm{d}x$$

$$=\begin{cases}0, & m\neq k,\\ \dfrac{R^2}{2}J_{n-1}^2(\mu_m^{(n)})=\dfrac{R^2}{2}J_{n+1}^2(\mu_m^{(n)}), & m=k.\end{cases}$$

即$\left\{J_n\left(\frac{\mu_m^{(n)}}{R}x\right):m=1,2,\cdots\right\}$在$[0,R]$上关于**权函数** x 是正交的.

除了正交性以外,函数系$\left\{J_n\left(\frac{\mu_m^{(n)}}{R}x\right):m=1,2,\cdots\right\}$还是完全的,所谓**完全性**是指除了这个函数系中的函数彼此正交外不存在其他的非零函数与这个系中的所有函数都正交.正因为这个函数系是完全的,所以一个函数$f(x)$,只要满足一些条件就可以按这个函数系进行展开,即$f(x)$可以表示为

$$f(x)=\sum_{m=1}^{\infty}A_m J_n\left(\frac{\mu_m^{(n)}}{R}x\right),$$

利用正交性即可求得系数A_m为

$$A_m=\frac{1}{\dfrac{R^2}{2}J_{n-1}^2(\mu_m^{(n)})}\int_0^R xf(x)J_n\left(\frac{\mu_m^{(n)}}{R}x\right)\mathrm{d}x,\quad m=1,2,\cdots.$$

初学贝塞尔函数时会感到有些困难,主要原因是用级数方法求贝塞尔方程的解时,运算比较繁琐,在获得级数一般项的系数时,还需要一些技巧.此外,在计算展开式的系数A_m时,要利用贝塞尔函数的递推关系,读者需要多加练习才能很好地掌握.本章的核心就是上面所简述的三条内容.

2.5.2 习题的启示与解答

1. 当n为正整数时,讨论$J_n(x)$的收敛范围.

该题属于微积分的范畴,在教材中我们已经指出过用**达朗贝尔判别法**.达朗贝尔判别法也叫比值判别法,设有一个无穷级数$\sum\limits_{n=1}^{\infty}a_n$,如果

$$\lim_{n\to\infty}\left|\frac{a_{n+1}}{a_n}\right|=\rho<1,$$

则 $\sum\limits_{n=1}^{\infty}a_n$ 是绝对收敛的.上面的条件可以放宽为

$$\overline{\lim_{n\to\infty}}\left|\frac{a_{n+1}}{a_n}\right|=\rho<1.$$

当 n 为正整数时

$$J_n(x)=\sum_{m=0}^{\infty}(-1)^m\frac{x^{n+2m}}{2^{n+2m}m!(m+n)!},$$

其通项为

$$u_m=(-1)^m\frac{x^{n+2m}}{2^{n+2m}m!(m+n)!},$$

故有

$$\rho=\lim_{m\to\infty}\left|\frac{u_{m+1}}{u_m}\right|=\lim_{m\to\infty}\frac{x^2}{2^2(m+1)(m+n+1)}=0,$$

所以 $J_n(x)$ 的收敛区间为 $(-\infty,\infty)$.

在利用达朗贝尔判别法时要注意,当 $m\to\infty$ 时,x 将任意固定在某个值.

2. 写出 $J_0(x)$,$J_1(x)$,$J_n(x)$(n 是正整数)的级数表示式的前 5 项.

这个题很容易,只要从它们的表达式出发即可写出,故解答略.

3. 证明 $J_{2n-1}(0)=0$,其中 $n=1,2,3,\cdots$.

直接由 $J_{2n-1}(x)$ 的表达式即可验明这个结果,其实除了 $J_0(0)=1$ 以外,对所有 $n>0$ 都有 $J_n(0)=0$.

4. 求 $\dfrac{\mathrm{d}}{\mathrm{d}x}J_0(\alpha x)$.

这里只要利用复合函数微分法及 $J'_0(x)=-J_1(x)$,即可得到答案.

令 $t=\alpha x$,则 $\dfrac{\mathrm{d}}{\mathrm{d}x}J_0(\alpha x)=\dfrac{\mathrm{d}}{\mathrm{d}t}J_0(t)\dfrac{\mathrm{d}t}{\mathrm{d}x}=-\alpha J_1(t)=-\alpha J_1(\alpha x)$.

5. 求 $\dfrac{\mathrm{d}}{\mathrm{d}x}[xJ_1(\alpha x)]$.

利用递推公式 $\dfrac{\mathrm{d}}{\mathrm{d}x}[xJ_1(x)]=xJ_0(x)$ 及复合函数微分法得

$$\frac{\mathrm{d}}{\mathrm{d}x}[xJ_1(\alpha x)]=\frac{\mathrm{d}}{\mathrm{d}(\alpha x)}[\alpha xJ_1(\alpha x)]=\alpha xJ_0(\alpha x).$$

6. 计算下列积分：

(1) $\int xJ_2(x)\,\mathrm{d}x$;

(2) $\int x^{n+1}J_n(\alpha x)\,\mathrm{d}x$.

(1) 中的被积函数是 $xJ_2(x)$，我们要设法利用递推关系将它化成可以直接求出原函数的形式.由

$$\frac{\mathrm{d}}{\mathrm{d}x}[x^{-n}J_n(x)]=-x^{-n}J_{n+1}(x)$$

可得

$$xJ'_n(x)-nJ_n(x)=-xJ_{n+1}(x).$$

取 $n=1$，得

$$xJ_2(x)=J_1(x)-xJ'_1(x),$$

故

$$\begin{aligned}\int xJ_2(x)\,\mathrm{d}x&=\int J_1(x)\,\mathrm{d}x-\int xJ'_1(x)\,\mathrm{d}x\\&=-J_0(x)-xJ_1(x)+\int J_1(x)\,\mathrm{d}x\\&=-2J_0(x)-xJ_1(x)+C.\end{aligned}$$

(2) 中被积函数为 $x^{n+1}J_n(\alpha x)$，J_n 中的变量是 αx，所以先要作变量代换.令 $t=\alpha x$，故

$$\int x^{n+1}J_n(\alpha x)\,\mathrm{d}x=\frac{1}{\alpha^{n+2}}\int t^{n+1}J_n(t)\,\mathrm{d}t.$$

再利用递推关系

$$\frac{\mathrm{d}}{\mathrm{d}x}[x^nJ_n(x)]=x^nJ_{n-1}(x),$$

读者可以把结果写出来.

7. 证明 $y=J_n(\alpha x)$ 为方程

$$x^2y''+xy'+(\alpha^2x^2-n^2)y=0$$

的解.

这题很容易做,只要记住 $J_n(x)$ 是 n 阶贝塞尔方程的解并利用复合函数微分法.

8. 证明:

$$J_{\frac{3}{2}}(x)=\sqrt{\frac{2}{\pi x}}\left[\frac{1}{x}\cos\left(x-\frac{\pi}{2}\right)+\sin\left(x-\frac{\pi}{2}\right)\right],$$

$$J_{\frac{5}{2}}(x)=\sqrt{\frac{2}{\pi x}}\left[\left(1-\frac{3}{x^3}\right)\sin(x-\pi)+\frac{3}{x}\cos(x-\pi)\right].$$

前面已经说过,一般情况下贝塞尔函数只能用收敛的无穷级数来表达,但对特殊情形,它也是初等函数.在教材中已经推导过 $J_{\frac{1}{2}}(x)$ 与 $J_{-\frac{1}{2}}(x)$ 的表示式,得

$$J_{\frac{1}{2}}(x)=\sqrt{\frac{2}{\pi x}}\sin x,\quad J_{-\frac{1}{2}}(x)=\sqrt{\frac{2}{\pi x}}\cos x.$$

以这两个表达式为基础,借助递推关系可得到 $J_{\frac{2n+1}{2}}(x)$ 的表达式.例如

$$\begin{aligned}J_{\frac{3}{2}}(x)&=\frac{1}{x}J_{\frac{1}{2}}(x)-J_{-\frac{1}{2}}(x)=\frac{1}{x}\sqrt{\frac{2}{\pi x}}\sin x-\sqrt{\frac{2}{\pi x}}\cos x\\&=\sqrt{\frac{2}{\pi x}}\left(\frac{1}{x}\sin x-\cos x\right),\end{aligned}$$

再利用三角函数的公式即可得到答案.对 $J_{\frac{5}{2}}(x)$ 亦可类似处理.

9. 试证 $y=x^{\frac{1}{2}}J_{\frac{3}{2}}(x)$ 是方程

$$x^2y''+(x^2-2)y=0$$

的一个解.

直接将函数代入即可,过程略.

10. 试证 $y=xJ_n(x)$ 是方程

$$x^2y''-xy'+(1+x^2-n^2)y=0$$

的一个解.

直接将函数代入即可,但要注意,这里一阶导数 y' 前的系数是 $-x$,而贝塞尔方程中 y' 前的系数是 x.

11. 设 $\lambda_i(i=1,2,3,\cdots)$ 是方程 $J_1(x)=0$ 的正根,将函数

$$f(x)=x\ (0<x<1)$$

展开成贝塞尔函数 $J_1(\lambda_i x)$ 的级数.

将函数展开成贝塞尔函数系的级数的问题在前面已经复习过了,关键在于计算展开式中的系数.这里有一点需要指出,即 $x=0$ 也是 $J_1(x)$ 的一个零点,也就是说,$\{0,\lambda_1,\lambda_2,\cdots,\lambda_i\cdots\}$ 构成 $J_1(x)$ 的所有非负零点,函数系 $\{J_1(0x), J_1(\lambda_i x):i=1,2,3,\cdots\}$ 才构成正交完全系.因为 $J_1(0)=0$,所以在展开式中没有 $J_1(0x)$ 这一项.

设

$$x=\sum_{i=1}^{\infty} A_i J_1(\lambda_i x),$$

则

$$A_i=\frac{1}{\frac{1}{2}J_0^2(\lambda_i)}\int_0^1 x^2 J_1(\lambda_i x)\,\mathrm{d}x.$$

如何计算右端的积分? 方法不止一种,可先作变量代换,令 $\lambda_i x=t$,则

$$A_i=\frac{2}{J_0^2(\lambda_i)}\frac{1}{\lambda_i^3}\int_0^{\lambda_i} t^2 J_1(t)\,\mathrm{d}t.$$

一个方法是利用递推关系,即

$$\frac{\mathrm{d}}{\mathrm{d}x}[x^n J_n(x)]=x^n J_{n-1}(x),$$

取 $n=2$,则

$$\int_0^{\lambda_i} t^2 J_1(t)\,\mathrm{d}t=\int_0^{\lambda_i}\frac{\mathrm{d}}{\mathrm{d}t}[t^2 J_2(t)]\,\mathrm{d}t=t^2 J_2(t)\Big|_0^{\lambda_i}=\lambda_i^2 J_2(\lambda_i).$$

故

$$A_i=\frac{2}{\lambda_i J_0^2(\lambda_i)}J_2(\lambda_i).$$

所得展开式为

$$x=\sum_{i=1}^{\infty}\frac{2J_2(\lambda_i)}{\lambda_i J_0^2(\lambda_i)}J_1(\lambda_i x),\ 0<x<1.$$

另一个方法是利用 $J'_0(t)=-J_1(t)$,故

$$\int_0^{\lambda_i} t^2 J_1(t)\,\mathrm{d}t=-\int_0^{\lambda_i} t^2\,\mathrm{d}J_0(t)=-t^2 J_0(t)\Big|_0^{\lambda_i}+2\int_0^{\lambda_i} tJ_0(t)\,\mathrm{d}t,$$

再利用

$$\frac{\mathrm{d}}{\mathrm{d}t}[tJ_1(t)] = tJ_0(t),$$

可得

$$\int_0^{\lambda_i} t^2 J_1(t)\,\mathrm{d}t = -\lambda_i^2 J_0(\lambda_i) + 2[tJ_1(t)]_0^{\lambda_i} = -\lambda_i^2 J_0(\lambda_i),$$

故

$$A_i = -\frac{2}{\lambda_i J_0(\lambda_i)}.$$

所得展开式为

$$x = \sum_{i=1}^{\infty} \frac{2}{-\lambda_i J_0(\lambda_i)} J_1(\lambda_i x),\quad 0 < x < 1.$$

两种算法所得的结果不一样,是否有问题呢?其实,两个结果都是正确的,如果利用递推关系

$$J_{n-1}(x) + J_{n+1}(x) = \frac{2}{x} n J_n(x)$$

就可以说明两者是相等的,读者可以自己去证明.这个事实告诉我们:有时计算含有贝塞尔函数的积分时,可能所得结果不相同,不妨再选择适当的递推关系将结果进行相互转化.

12. 设 $\alpha_i(i=1,2,3,\cdots)$ 是 $J_0(x)=0$ 的正根,将函数 $f(x)=x^2(0<x<1)$ 展开成贝塞尔函数 $J_0(\alpha_i x)$ 的级数.

设 $x^2 = \sum\limits_{i=1}^{\infty} C_i J_0(\alpha_i x)$,其中

$$C_i = \frac{\int_0^1 x^3 J_0(\alpha_i x)\,\mathrm{d}x}{\frac{1}{2}[-J_1(\alpha_i)]^2}.$$

在计算下列积分时

$$\int_0^1 x^2 \cdot x J_0(\alpha_i x)\,\mathrm{d}x = \int_0^1 x^3 J_0(\alpha_i x)\,\mathrm{d}x,$$

先要进行换元,令 $t=\alpha_i x$,则

$$\int_0^1 x^3 J_0(\alpha_i x)\,\mathrm{d}x = \frac{1}{\alpha_i^4}\int_0^{\alpha_i} t^3 J_0(t)\,\mathrm{d}t.$$

那么,右端的积分如何算呢? 要设法利用递推关系,因为

$$\frac{\mathrm{d}}{\mathrm{d}t}[tJ_1(t)] = tJ_0(t),$$

所以

$$\begin{aligned}\int_0^{\alpha_i} t^3 J_0(t)\,\mathrm{d}t &= \int_0^{\alpha_i} t^2 \cdot tJ_0(t)\,\mathrm{d}t = \int_0^{\alpha_i} t^2\,\mathrm{d}[tJ_1(t)]\\ &= t^3 J_1(t)\Big|_0^{\alpha_i} - 2\int_0^{\alpha_i} t^2 J_1(t)\,\mathrm{d}t\\ &= \alpha_i^3 J_1(\alpha_i) - 2\int_0^{\alpha_i} t^2 J_1(t)\,\mathrm{d}t\\ &= \alpha_i^3 J_1(\alpha_i) - 2\int_0^{\alpha_i} \frac{\mathrm{d}}{\mathrm{d}t}[t^2 J_2(t)]\,\mathrm{d}t\\ &= \alpha_i^3 J_1(\alpha_i) - 2\alpha_i^2 J_2(\alpha_i).\end{aligned}$$

还可以简化,因

$$J_0(\alpha_i) + J_2(\alpha_i) = \frac{2}{\alpha_i} J_1(\alpha_i), \quad (\text{想想为什么?})$$

但 $J_0(\alpha_i)=0$,故 $J_2(\alpha_i)=\dfrac{2}{\alpha_i}J_1(\alpha_i)$.因此

$$\int_0^{\alpha_i} t^3 J_0(t)\,\mathrm{d}t = (\alpha_i^3 - 4\alpha_i)J_1(\alpha_i),$$

所以

$$\int_0^1 x^3 J_0(\alpha_i x)\,\mathrm{d}x = \frac{1}{\alpha_i^4}(\alpha_i^3 - 4\alpha_i)J_1(\alpha_i),$$

$$C_i = \frac{2}{\alpha_i J_1(\alpha_i)}\left(1 - \frac{4}{\alpha_i^2}\right), \quad i = 1,2,\cdots.$$

故

$$x^2 = \sum_{i=1}^{\infty} \frac{2}{\alpha_i J_1(\alpha_i)}\left(1 - \frac{4}{\alpha_i^2}\right) J_0(\alpha_i x).$$

从上面的计算过程可以看出,主要的技巧是利用微分形式的递推关系把被积函数写成可以分部积分的形式.

13. 设 $\alpha_i(i=1,2,3,\cdots)$ 是方程 $J_0(2x)=0$ 的正根,将函数

$$f(x)=\begin{cases}1, & 0<x<1,\\ \dfrac{1}{2}, & x=1,\\ 0, & 1<x<2\end{cases}$$

展开成贝塞尔函数 $J_0(\alpha_i x)$ 的级数.

该题有两点需要注意，一是在区间 $[0,2]$，而不是 $[0,1]$ 上展开；二是 α_i 是 $J_0(2x)=0$ 的正根（即 $J_0(2\alpha_i)=0$），而不是 $J_0(x)=0$ 的正根.题目要求把 $f(x)$ 按 $\{J_0(\alpha_i x):i=1,2,3,\cdots\}$ 进行展开，但这种展开是否合理？答案是肯定的.因为 $2\alpha_i$ 是 $J_0(x)$ 的正零点，展开区间的长度 $R=2$，所以函数系 $\left\{J_0\left(\dfrac{2\alpha_i}{2}x\right):i=1,2,\cdots\right\}$ 是正交完全系，故 $f(x)$ 可以按 $\{J_0(\alpha_i x)\}$ 展开.

设

$$f(x)=\sum_{i=1}^{\infty}A_i\,J_0(\alpha_i x),$$

其中

$$A_i=\frac{1}{\dfrac{R^2}{2}J_1^2(2\alpha_i)}\int_0^2 f(x)\cdot xJ_0(\alpha_i x)\,\mathrm{d}x=\frac{1}{2J_1^2(2\alpha_i)}\int_0^1 xJ_0(\alpha_i x)\,\mathrm{d}x,$$

令 $t=\alpha_i x$，则

$$\int_0^1 xJ_0(\alpha_i x)\,\mathrm{d}x=\frac{1}{\alpha_i^2}\int_0^{\alpha_i}tJ_0(t)\,\mathrm{d}t=\frac{1}{\alpha_i^2}(tJ_1(t))\Big|_0^{\alpha_i}=\frac{1}{\alpha_i}J_1(\alpha_i),$$

代入 A_i 的右端得

$$A_i=\frac{J_1(\alpha_i)}{2\alpha_i J_1^2(2\alpha_i)},\quad i=1,2,\cdots.$$

所以 $f(x)$ 的展开式为

$$f(x)=\sum_{i=1}^{\infty}\frac{J_1(\alpha_i)}{2\alpha_i J_1^2(2\alpha_i)}J_0(\alpha_i x).$$

这里特别要提醒的是，A_i 表达式中的分母是 $\dfrac{R^2}{2}J_1^2(2\alpha_i)$，而不是 $\dfrac{R^2}{2}J_1^2(\alpha_i)$，这是因为 $2\alpha_i$ 才是 $J_0(x)$ 的正零点.

14. 把定义在$[0,a]$上的函数$f(x)$展开成贝塞尔函数$J_0\left(\frac{\alpha_i}{a}x\right)$的级数,其中$\alpha_i$是$J_0(x)$的正零点.

此题没有任何困难,只要把原来公式中的R换成a即可.

设$f(x)=\sum_{i=1}^{\infty}C_iJ_0\left(\frac{\alpha_i}{a}x\right)$,其中

$$C_i=\frac{1}{\frac{a^2}{2}[J'_0(\alpha_i)]^2}\int_0^a f(x)xJ_0\left(\frac{\alpha_i}{a}x\right)\mathrm{d}x$$

$$=\frac{2}{a^2J_1^2(\alpha_i)}\int_0^a xf(x)J_0\left(\frac{\alpha_i}{a}x\right)\mathrm{d}x,\quad i=1,2,\cdots,$$

故

$$f(x)=\frac{2}{a^2}\sum_{i=1}^{\infty}\left[\frac{1}{J_1^2(\alpha_i)}\int_0^a xf(x)J_0\left(\frac{\alpha_i}{a}x\right)\mathrm{d}x\right]J_0\left(\frac{\alpha_i}{a}x\right).$$

15. 若$\lambda_i(i=1,2,3,\cdots)$是$J_1(x)$的正零点,证明

$$\int_0^R xJ_0\left(\frac{\lambda_i}{R}x\right)J_0\left(\frac{\lambda_j}{R}x\right)\mathrm{d}x=\begin{cases}0, & i\neq j,\\ \frac{R^2}{2}J_0^2(\lambda_i), & i=j.\end{cases}$$

要证明函数系$\left\{J_0\left(\frac{\lambda_i}{R}x\right):i=1,2,3,\cdots\right\}$在$[0,R]$上是带权函数$x$的正交系,但这里的正交性与前面所讲贝塞尔函数系的正交性有所不同,因为现在的λ_i不是$J_0(x)$的正零点,而是$J_1(x)$的正零点.

证明的方法与教材§5.5中所用的方法完全相同,令

$$F_1(x)=J_0\left(\frac{\lambda_i}{R}x\right),\quad F_2(x)=J_0(\alpha x),$$

则它们分别满足

$$\frac{\mathrm{d}}{\mathrm{d}x}\left[x\frac{\mathrm{d}F_1}{\mathrm{d}x}\right]+\left(\frac{\lambda_i}{R}\right)^2xF_1(x)=0,$$

$$\frac{\mathrm{d}}{\mathrm{d}x}\left[x\frac{\mathrm{d}F_2}{\mathrm{d}x}\right]+\alpha^2xF_2(x)=0.$$

以 F_2 乘第一个方程、F_1 乘第二个方程并相减，再在$[0,R]$上积分可得

$$\begin{aligned}&\int_0^R xJ_0\left(\frac{\lambda_i}{R}x\right)J_0(\alpha x)\,\mathrm{d}x\\&=\frac{1}{\left(\frac{\lambda_i}{R}\right)^2-\alpha^2}\left[J_0(\lambda_i)R\alpha(-J_1(\alpha R))-J_0(\alpha R)R\left(-J_1(\lambda_i)\frac{\lambda_i}{R}\right)\right]\\&=-\frac{R\alpha J_0(\lambda_i)J_1(\alpha R)}{\left(\frac{\lambda_i}{R}\right)^2-\alpha^2}.\end{aligned}$$

下面分两种情况来讨论：

（1）$i\neq j$ 并取 $\alpha=\dfrac{\lambda_j}{R}$，则

$$J_1(\alpha R)=J_1(\lambda_j)=0,\text{但}\left(\frac{\lambda_i}{R}\right)^2-\alpha^2=\frac{1}{R^2}(\lambda_i^2-\lambda_j^2)\neq 0,$$

所以

$$\int_0^R xJ_0\left(\frac{\lambda_i}{R}x\right)J_0\left(\frac{\lambda_j}{R}x\right)\mathrm{d}x=0,\quad i\neq j.$$

（2）$i=j$，令 $\alpha\to\dfrac{\lambda_i}{R}$，这时上面积式右端呈“$\dfrac{0}{0}$”的不定型，利用洛必达(L'Hospital)法则得

$$\begin{aligned}\int_0^R xJ_0^2\left(\frac{\lambda_i}{R}x\right)\mathrm{d}x&=\lim_{\alpha\to\frac{\lambda_i}{R}}-\frac{R\alpha J_0(\lambda_i)J_1(\alpha R)}{\left(\frac{\lambda_i}{R}\right)^2-\alpha^2}\\&=\lim_{\alpha\to\frac{\lambda_i}{R}}-\frac{J_0(\lambda_i)R\alpha J_0(\alpha R)R}{-2\alpha}=\frac{R^2}{2}J_0^2(\lambda_i),\end{aligned}$$

这里利用了递推关系$\dfrac{\mathrm{d}}{\mathrm{d}x}[xJ_1(x)]=xJ_0(x)$.

对该题，最后还要补充一点，即$\left\{J_0\left(\dfrac{\lambda_i}{R}x\right)\right\}$不是完全系，因为$J_1(x)$还有一个零点 $x=0$，而 $J_0(0)=1$，所以函数系

$$\left\{1,J_0\left(\frac{\lambda_i}{R}x\right):i=1,2,3,\cdots\right\}$$

才是完全的.这就是说,一个函数只有对这个函数系才能展开成级数.

16. 利用递推公式证明:

(1) $J_2(x)=J''_0(x)-\frac{1}{x}J'_0(x)$;

(2) $J_3(x)+3J'_0(x)+4J'''_0(x)=0$.

要证明(1)只要在递推关系

$$xJ'_n(x)-nJ_n(x)=-xJ_{n+1}(x)$$

中取 $n=1$ 及 $J'_0(x)=-J_1(x)$ 来获得.

为了证明(2),我们在递推关系

$$J_{n-1}(x)-J_{n+1}(x)=2J'_n(x)$$

中分别取 $n=1$ 及 $n=2$ 得到两个关系,然后消去 $J_2(x)$ 并利用 $J'_0(x)=-J_1(x)$ 得到.

17. 试证:

$$\int x^nJ_0(x)\mathrm{d}x=x^nJ_1(x)+(n-1)x^{n-1}J_0(x)-(n-1)^2\int x^{n-2}J_0(x)\mathrm{d}x.$$

证明不难,只要利用两次分部积分法及 $J_0(x)$ 和 $J_1(x)$ 之间的关系.

$$\begin{aligned}\int x^nJ_0(x)\mathrm{d}x&=\int x^{n-1}\cdot xJ_0(x)\mathrm{d}x=\int x^{n-1}\mathrm{d}[xJ_1(x)]\\&=x^{n-1}\cdot xJ_1(x)-(n-1)\int x^{n-2}\cdot xJ_1(x)\mathrm{d}x\\&=x^nJ_1(x)-(n-1)\int x^{n-1}J_1(x)\mathrm{d}x\\&=x^nJ_1(x)+(n-1)\int x^{n-1}\mathrm{d}J_0(x)\\&=x^nJ_1(x)+(n-1)x^{n-1}J_0(x)-(n-1)^2\int x^{n-2}J_0(x)\mathrm{d}x.\end{aligned}$$

18. 试解下列圆柱区域的边值问题:在圆柱内 $\Delta u=0$,在圆柱侧面 $u|_{\rho=a}=0$,在下底 $u|_{z=0}=0$,在上底 $u|_{z=h}=A$.

为解此题,先要注意两点:一是区域的形状,根据这个形状选取适当的坐标系;二是定解问题中已知项的特点,其中包括方程的自由项及定解条件.现在的求解区域是圆柱形区域,其半径为 a,高为 h,所以选柱坐标系比较方便,

在这个坐标系中区域的边界方程只含有一个自变量,即变量已经分离.在柱坐标系中

$$\Delta u = \frac{1}{\rho}\frac{\partial}{\partial\rho}\left(\rho\frac{\partial u}{\partial\rho}\right) + \frac{1}{\rho^2}\frac{\partial^2 u}{\partial\theta^2} + \frac{\partial^2 u}{\partial z^2} = 0.$$

边界条件有三个:

$$u\big|_{\rho=a} = 0,\ u\big|_{z=0} = 0,\ u\big|_{z=h} = A.$$

方程的自由项及边界条件均与 θ 无关,故可推知解 u 也应与 θ 无关.于是所要求解的定解问题为

$$\begin{cases} \dfrac{1}{\rho}\dfrac{\partial}{\partial\rho}\left(\rho\dfrac{\partial u}{\partial\rho}\right) + \dfrac{\partial^2 u}{\partial z^2} = 0, & \rho < a, 0 < z < h, \\ u\big|_{\rho=a} = 0, & 0 \leqslant z \leqslant h, \\ u\big|_{z=0} = 0, & \rho \leqslant a, \\ u\big|_{z=h} = A, & \rho \leqslant a. \end{cases}$$

利用分离变量法,令

$$u(\rho,z) = R(\rho)Z(z),$$

代入方程并进行变量分离可得

$$Z'' - \mu Z = 0,\quad \mu > 0 \text{ 是待定的常数},$$

$$R'' + \frac{1}{\rho}R' + \mu R = 0,$$

$$Z(0) = 0,\quad R(a) = 0.$$

由此可以解得

$$Z(z) = C(e^{\sqrt{\mu}z} - e^{-\sqrt{\mu}z}) = 2C\sinh(\sqrt{\mu}\, z),$$

$$R(\rho) = C_1 J_0(\sqrt{\mu}\,\rho) + C_2 Y_0(\sqrt{\mu}\,\rho).$$

由于 $|u(\rho,z)| < \infty$,故 $C_2 = 0$,即

$$R(\rho) = C_1 J_0(\sqrt{\mu}\,\rho).$$

利用关于 R 的边界条件得

$$J_0(\sqrt{\mu}a) = 0,$$

即 $\sqrt{\mu}a$ 是 $J_0(x)$ 的正零点.以 $\lambda_i(i=1,2,\cdots)$ 表示 $J_0(x)$ 的所有正零点,则

$$\sqrt{\mu}a = \lambda_i,\quad i = 1,2,\cdots.$$

故

$$\sqrt{\mu}=\frac{\lambda_i}{a},\quad i=1,2,\cdots,$$

从而所求的解为

$$u(\rho,z)=\sum_{i=1}^{\infty}C_i\,J_0\left(\frac{\lambda_i}{a}\rho\right)\sinh\left(\frac{\lambda_i}{a}z\right).$$

剩下的问题是确定系数 C_i,由 u 在上底的条件得

$$A=\sum_{i=1}^{\infty}C_i\sinh\left(\frac{\lambda_i}{a}h\right)J_0\left(\frac{\lambda_i}{a}\rho\right).$$

这说明 $C_i\sinh\left(\frac{\lambda_i}{a}h\right)$ 是 A 按 $\left\{J_0\left(\frac{\lambda_i}{a}\rho\right):i=1,2,\cdots\right\}$ 在 $[0,a]$ 上展开的系数,即

$$C_i\sinh\left(\frac{\lambda_i}{a}h\right)=\frac{1}{\frac{a^2}{2}J_1^2(\lambda_i)}\int_0^a A\rho J_0\left(\frac{\lambda_i}{a}\rho\right)\mathrm{d}\rho,$$

右端的积分很容易计算.

令 $t=\frac{\lambda_i}{a}\rho$,则

$$\int_0^a A\rho J_0\left(\frac{\lambda_i}{a}\rho\right)\mathrm{d}\rho=A\left(\frac{a}{\lambda_i}\right)^2\int_0^{\lambda_i}tJ_0(t)\,\mathrm{d}t=A\left(\frac{a}{\lambda_i}\right)^2 tJ_1(t)\Big|_0^{\lambda_i}$$

$$=\frac{Aa^2J_1(\lambda_i)}{\lambda_i},\quad i=1,2,\cdots.$$

故

$$C_i=\frac{2A}{\lambda_i\sinh\left(\frac{\lambda_i}{a}h\right)J_1(\lambda_i)},\quad i=1,2,\cdots.$$

从而

$$u(\rho,z)=\sum_{i=1}^{\infty}\frac{2A}{\lambda_i\sinh\left(\frac{\lambda_i}{a}h\right)J_1(\lambda_i)}\sinh\left(\frac{\lambda_i}{a}z\right)J_0\left(\frac{\lambda_i}{a}\rho\right).$$

19. 解下列定解问题:

$$\begin{cases}\dfrac{\partial^2 u}{\partial t^2}=a^2\left(\dfrac{\partial^2 u}{\partial \rho^2}+\dfrac{1}{\rho}\dfrac{\partial u}{\partial \rho}\right), & t>0,0<\rho<R,\\ u\big|_{t=0}=1-\dfrac{\rho^2}{R^2},\dfrac{\partial u}{\partial t}\Big|_{t=0}=0, & 0\leqslant\rho\leqslant R,\\ |u|\Big|_{\rho=0}<+\infty,\ u\big|_{\rho=R}=0, & t>0.\end{cases}$$

若上述方程换成非齐次的，即

$$\frac{\partial^2 u}{\partial \rho^2}+\frac{1}{\rho}\frac{\partial u}{\partial \rho}-\frac{1}{a^2}\frac{\partial^2 u}{\partial t^2}=-B\quad(B\text{ 为常数}),$$

而所有定解条件均为零，试求其解.

这个定解问题描述了圆形薄膜的振动，而且位移 u 与 θ 无关.这里包含两种情况，一种情况是膜不受外力，振动是由初始位移引起的；另一种情况是振动仅由一个定常的力引起.

(1) 齐次方程的情形

用分离变量法，令

$$u(\rho,t)=R(\rho)T(t),$$

代入方程得

$$\frac{T''}{a^2T}=\frac{R''+\dfrac{1}{\rho}R'}{R}=-\beta^2\quad(\beta\text{ 待定}),$$

即

$$T''+a^2\beta^2T=0,$$

$$\rho^2R''+\rho R'+\beta^2\rho^2R=0.$$

第一个方程的通解是

$$T(t)=C_1\cos a\beta t+C_2\sin a\beta t,$$

第二个方程是零阶贝塞尔方程，它的通解为

$$R(\rho)=D_1J_0(\beta\rho)+D_2Y_0(\beta\rho).$$

由 $|u|\Big|_{\rho=0}<+\infty$ 得 $R(0)<+\infty$，故 $D_2=0$.再由 $u\big|_{\rho=R}=0$ 得 $J_0(\beta R)=0$，即 βR 是 $J_0(x)$ 的正零点.以 λ_i $(i=1,2,\cdots)$ 表示 $J_0(x)$ 的所有正零点，则

$$\beta_i=\frac{\lambda_i}{R}\quad(i=1,2,\cdots)$$

是定解问题对应的特征值,相应的特征函数为 $J_0\left(\frac{\lambda_i}{R}\rho\right)$.将 β_i 代入 $T(t)$ 的表达式,得

$$T_i(t)=C_i\cos\frac{a\lambda_i}{R}t+D_i\sin\frac{a\lambda_i}{R}t.$$

由 $\left.\frac{\partial u}{\partial t}\right|_{t=0}=0$ 得 $D_i=0$,故所求的解为

$$u(\rho,t)=\sum_{i=1}^{\infty}C_i\cos\frac{a\lambda_i}{R}tJ_0\left(\frac{\lambda_i}{R}\rho\right).$$

利用初位移的条件可得

$$1-\frac{\rho^2}{R^2}=\sum_{i=1}^{\infty}C_i\,J_0\left(\frac{\lambda_i}{R}\rho\right),$$

由此可得

$$\begin{aligned}C_i&=\frac{2}{R^2J_1^2(\lambda_i)}\int_0^R\left(1-\frac{\rho^2}{R^2}\right)\rho J_0\left(\frac{\lambda_i}{R}\rho\right)\mathrm{d}\rho\\&=\frac{4R^2}{R^2J_1^2(\lambda_i)\lambda_i^2}J_2(\lambda_i)=\frac{4J_2(\lambda_i)}{\lambda_i^2J_1^2(\lambda_i)},\quad i=1,2,\cdots.\end{aligned}$$

故

$$u(\rho,t)=\sum_{i=1}^{\infty}\frac{4J_2(\lambda_i)}{\lambda_i^2J_1^2(\lambda_i)}\cos\left(\frac{a\lambda_i}{R}t\right)J_0\left(\frac{\lambda_i}{R}\rho\right).$$

(2) 非齐次方程的情形

这时定解问题为

$$\begin{cases}\frac{\partial^2u}{\partial t^2}=a^2\left(\frac{\partial^2u}{\partial\rho^2}+\frac{1}{\rho}\frac{\partial u}{\partial\rho}\right)+Ba^2, & \rho<R,t>0,\\ u\big|_{t=0}=\left.\frac{\partial u}{\partial t}\right|_{t=0}=0, & 0\leqslant\rho\leqslant R,\\ \big|u\big|\Big|_{\rho=0}<+\infty,\ u\big|_{\rho=R}=0, & t>0.\end{cases}$$

有两种方法求这个问题的解,第一个方法是特征函数法,即将解表示成

$$u(\rho,t)=\sum_{i=1}^{\infty}u_i(t)J_0\left(\frac{\lambda_i}{R}\rho\right),$$

然后代入定解问题确定 $u_i(t)$，具体步骤略.

第二个方法是设法将方程化成齐次的，即令

$$u(\rho,t)=v(\rho,t)+w(\rho).$$

选 w 满足

$$\begin{cases}\dfrac{\mathrm{d}^2w}{\mathrm{d}\rho^2}+\dfrac{1}{\rho}\dfrac{\mathrm{d}w}{\mathrm{d}\rho}+B=0, & 0<\rho<R,\\ |w(0)|<+\infty, \\ w(R)=0.\end{cases}$$

w 的方程可写成

$$\frac{\mathrm{d}}{\mathrm{d}\rho}\left(\rho\frac{\mathrm{d}w}{\mathrm{d}\rho}\right)+B\rho=0,$$

积分两次可得通解

$$w(\rho)=-\frac{1}{4}B\rho^2+C_1\ln\rho+C_2.$$

由 $|w(0)|<+\infty$，故 $C_1=0$，再利用第二个条件得

$$C_2=\frac{1}{4}BR^2,$$

所以

$$w(\rho)=\frac{B}{4}(R^2-\rho^2).$$

利用 $w(\rho)$ 可将原问题转化成

$$\begin{cases}\dfrac{\partial^2v}{\partial t^2}=a^2\left(\dfrac{\partial^2v}{\mathrm{d}\rho^2}+\dfrac{1}{\rho}\dfrac{\partial v}{\mathrm{d}\rho}\right), & \rho<R,t>0,\\ v\big|_{t=0}=-\dfrac{B}{4}(R^2-\rho^2),\ \dfrac{\partial v}{\partial t}\Big|_{t=0}=0, & 0\leqslant\rho\leqslant R,\\ |v|\Big|_{\rho=0}<+\infty,\ v\big|_{\rho=R}=0, & t>0.\end{cases}$$

这是齐次方程的问题，用(1)中方法求解，其中把初值条件 $v\big|_{t=0}=-\dfrac{B}{4}(R^2-\rho^2)$ 写成

$$v\big|_{t=0}=-\frac{BR^2}{4}\left(1-\frac{\rho^2}{R^2}\right),$$

就可以利用(1)的结果把 $v(\rho,t)$ 写出来$\left(\text{两者只相差一个常数因子}-\frac{1}{4}BR^2\right)$.

$$v(\rho,t)=-BR^2\sum_{i=1}^{\infty}\frac{J_2(\lambda_i)}{\lambda_i^2J_1^2(\lambda_i)}\cos\left(\frac{a\lambda_i}{R}t\right)J_0\left(\frac{\lambda_i}{R}\rho\right).$$

再利用 $J_2(\lambda_i)=\frac{2}{\lambda_i}J_1(\lambda_i)-J_0(\lambda_i)=\frac{2}{\lambda_i}J_1(\lambda_i)$,所以

$$v(\rho,t)=-2BR^2\sum_{i=1}^{\infty}\frac{1}{\lambda_i^3J_1(\lambda_i)}\cos\left(\frac{a\lambda_i}{R}t\right)J_0\left(\frac{\lambda_i}{R}\rho\right),$$

解 u 为

$$u(\rho,t)=v(\rho,t)+w(\rho)=\sum_{i=1}^{\infty}\frac{2BR^2}{\lambda_i^3J_1(\lambda_i)}\left(1-\cos\frac{\lambda_i}{R}at\right)J_0\left(\frac{\lambda_i}{R}\rho\right).$$

20. 证明整数阶贝塞尔函数的母函数为

$$W(x,t)=\mathrm{e}^{\frac{x}{2}\left(t-\frac{1}{t}\right)},$$

即

$$W(x,t)=\sum_{n=-\infty}^{\infty}J_n(x)t^n.$$

什么叫母函数呢?实际上在第二个式子中已给出了说明,即一个 x,t 的函数按 t 展开成幂级数,若其系数正好是所有整数阶的贝塞尔函数,则这个函数就称为贝塞尔函数的母函数.母函数给出了贝塞尔函数另一种生成方式.

利用 e^x 的幂级数展开式

$$\mathrm{e}^x=\sum_{n=0}^{\infty}\frac{x^n}{n!}=1+x+\frac{x^2}{2!}+\cdots+\frac{x^n}{n!}+\cdots,\qquad -\infty<x<+\infty$$

(这里规定 $0!=1$).将 $\mathrm{e}^{\frac{x}{2}t}$ 及 $\mathrm{e}^{-\frac{x}{2t}}$ 按 t 展开得

$$\mathrm{e}^{\frac{x}{2}t}=\sum_{j=0}^{\infty}\frac{1}{j!}\left(\frac{x}{2}t\right)^j,$$

$$\mathrm{e}^{-\frac{x}{2t}}=\sum_{k=0}^{\infty}(-1)^k\frac{1}{k!}\left(\frac{x}{2t}\right)^k.$$

对任意固定的 x,这两个级数在 $0<|t|<+\infty$ 内绝对收敛,故可作逐项相乘,得

$$e^{\frac{x}{2}t}e^{-\frac{x}{2t}}=\sum_{j=0}^{\infty}\sum_{k=0}^{\infty}(-1)^k\frac{\left(\frac{x}{2}\right)^{j+k}}{j!\ k!}t^{j-k}.$$

令 $n=j-k$,则

$$e^{\frac{x}{2}t}e^{-\frac{x}{2t}}=\sum_{n=-\infty}^{\infty}\sum_{k=0}^{\infty}\frac{(-1)^k x^{n+2k}}{2^{n+2k}k!\ (n+k)!}t^n.$$

再回顾当 n 为整数时 $J_n(x)$ 的表达式,即可得到要证的结论.

§2.6　勒让德多项式

2.6.1　内容的评述

勒让德多项式是另一类特殊函数,在求解球形区域的定解问题时就会出现这类特殊函数.

(1) 勒让德方程的解及解的有界性讨论

在球形区域内,对拉普拉斯方程(用球面坐标表示的)进行分离变量时就出现如下方程

$$(1-x^2)\frac{d^2y}{dx^2}-2x\frac{dy}{dx}+n(n+1)y=0,\quad -1<x<1,$$

其中 n 为任意实数,这个方程称为勒让德方程.它有什么特点呢？首先,它是一个变系数的二阶线性常微分方程,前两项可写成

$$\frac{d}{dx}\left[(1-x^2)\frac{dy}{dx}\right],$$

其次,二阶导数 y''前的系数,当 $x=\pm1$ 时为零.因此,根据**施图姆-刘维尔**理论,在边界 $x=\pm1$ 处应加自然边界条件.

对这样的方程,也可以和贝塞尔方程一样用幂级数解法获得其通解为

$$y=C_1y_1(x)+C_2y_2(x),$$

其中 C_1,C_2 为任意常数,y_1,y_2 为如下的级数:

$$y_1(x)=1-\frac{n(n+1)}{2!}x^2+\frac{n(n-2)(n+1)(n+3)}{4!}x^4+\cdots,$$

$$y_2(x)=x-\frac{(n-1)(n+2)}{3!}x^3+\frac{(n-1)(n-3)(n+2)(n+4)}{5!}x^5+\cdots.$$

从这两个表达式很容易看出以下四点：

第一，$y_1(x)$是x的偶函数，$y_2(x)$是x的奇函数.

第二，当n是正的偶数或负的奇数时，$y_1(x)$是x的一个多项式，而$y_2(x)$仍是一个无穷级数，当n是正的奇数或负的偶数时，$y_2(x)$是x的一个多项式，而$y_1(x)$仍是一个无穷级数.总之，当n为整数时，y_1与y_2中有一个是多项式，另一个为无穷级数.

第三，不论$y_1(x)$还是$y_2(x)$，当它为无穷级数时，其收敛半径都为1，即当$|x|<1$时级数是绝对收敛的，这可以由**比值法**得到.事实上，由y_1或y_2中系数之间的递推关系

$$a_{k+2}=\frac{(k-n)(k+n+1)}{(k+2)(k+1)}a_k\quad(k=0,1,2,\cdots),$$

可得

$$\left|\frac{\text{第 }k+2\text{ 项}}{\text{第 }k\text{ 项}}\right|=\left|\frac{a_{k+2}}{a_k}x^2\right|=\left|\frac{(k-n)(k+n+1)}{(k+2)(k+1)}x^2\right|$$

$$\to|x|^2\quad(\text{当 }k\to\infty),$$

故$|x|<1$时，级数收敛.

第四，当$x=\pm1$时(即在收敛区间的端点)，级数是发散的.这一点在教材内作了交代，但未详细说明，现在做些补充.首先，让我们复习一下**高斯判别法**：设有正项级数$\sum\limits_{k=1}^{\infty}u_k$，如果$\dfrac{u_k}{u_{k+1}}$可表示为

$$\frac{u_k}{u_{k+1}}=1+\frac{\lambda}{k}+\frac{w_k}{k^p},$$

其中λ为常数(与k无关)，$p>1$为常数，w_k有界，则当$\lambda>1$时，级数收敛，$\lambda\leqslant1$时级数发散.下面以$y_1(x)$为例说明它在$x=\pm1$时是发散的.设$y_1(\pm1)=\sum\limits_{k=1}^{\infty}u_k$，其中

$$u_k=\frac{(2k-2-n)(2k-4-n)\cdots(-n)(n+1)(n+3)\cdots(n+2k-1)}{(2k)!},$$

故

$$\frac{u_k}{u_{k+1}}=\frac{(2k+2)(2k+1)}{(2k-n)(2k+n+1)}=\frac{4k^2+6k+2}{4k^2+2k-n(n+1)}$$

$$=1+\frac{1}{k}+\frac{n(n+1)\left(1+\frac{1}{k}\right)}{4k^2+2k-n(n+1)}$$

$$=1+\frac{1}{k}+\frac{1}{k^2}\left[\frac{n(n+1)\left(1+\frac{1}{k}\right)}{4+\frac{2}{k}-\frac{n(n+1)}{k^2}}\right].$$

由高斯判别法,因这里 $\lambda=1$,故级数是发散的.又因当 k 达到适当大以后(即从某一项开始),这个级数是正(负)项级数,一个正(负)项级数是发散的,说明其和为$+\infty$ $(-\infty)$,即当 n 不为整数时,$y_1(\pm1)$是无界的.同样可说明 $y_2(\pm1)$也是无界的.

当 n 为非负整数时,$y_1(x)$或 $y_2(x)$是一个 n 次多项式,为了把这两个多项式写成一个统一的形式,且使多项式在 $x=1$ 处取的值等于 1,我们用一个适当的常数来乘 y_1 或 y_2,可得多项式

$$P_n(x)=\sum_{m=0}^{M}(-1)^m\frac{(2n-2m)!}{2^n m!\ (n-m)!\ (n-2m)!}x^{n-2m},$$

其中

$$M=\begin{cases}\frac{n}{2}, & \text{当 } n \text{ 为偶数},\\ \frac{n-1}{2}, & \text{当 } n \text{ 为奇数}.\end{cases}$$

这个多项式是 n 为整数时的勒让德方程的一个解,称为勒让德多项式.

至此,对勒让德方程的解可得如下结论:

当 n 不是整数时,勒让德方程的通解是

$$y(x)=C_1y_1(x)+C_2y_2(x),$$

其中 y_1,y_2 都是无穷级数,它们在 $x=\pm1$ 处是无限的,此时勒让德方程没有在$[-1,1]$上有界的解;

当 n 为整数时,勒让德方程的通解为

$$y(x)=C_1P_n(x)+C_2Q_n(x),$$

其中 $P_n(x)$ 是 x 的 n 次多项式，$Q_n(x)$ 是无穷级数，$Q_n(x)$ 在 $x=\pm1$ 处是无界的.

这个结论对利用勒让德方程求解定解问题是非常重要的.

(2) 勒让德多项式的正交完全性

当 n 为整数时，勒让德方程有一个多项式的解 $P_n(x)$. 当 n 取所有非负整数时，就得到一个函数系 $\{P_n(x):n=0,1,2,\cdots\}$，这个函数系是一个正交完全系，且

$$\int_{-1}^{1}P_n(x)P_m(x)\,\mathrm{d}x=\begin{cases}0, & m\neq n,\\ \dfrac{2}{2n+1}, & m=n.\end{cases}$$

要证明这个结论，需要利用勒让德多项式的另一个表达式，即罗德里格斯(Rodrigues)表达式：

$$P_n(x)=\frac{1}{2^n n!}\frac{\mathrm{d}^n}{\mathrm{d}x^n}(x^2-1)^n.$$

有了正交完全性之后，一个定义在 $(-1,1)$ 内的函数 $f(x)$，只要满足一些条件就可以按这个函数系进行展开，即

$$f(x)=\sum_{n=0}^{\infty}C_nP_n(x),\quad -1<x<1,$$

其中

$$C_n=\frac{2n+1}{2}\int_{-1}^{1}f(x)P_n(x)\,\mathrm{d}x,\quad n=0,1,2,\cdots.$$

利用这个展开式可以证明勒让德多项式的一个递推关系

$$(n+1)P_{n+1}(x)-(2n+1)xP_n(x)+nP_{n-1}(x)=0,$$

这个关系把相邻阶的三个勒让德多项式 $P_{n-1}(x),P_n(x),P_{n+1}(x)$ 联系起来了，因此，只要找到 $P_0(x),P_1(x)$ 的表达式就可以利用这个关系得到所有勒让德多项式的表达式.

2.6.2 习题的启示与解答

1. 证明：

$$P_n(1)=1,\quad P_n(-1)=(-1)^n,$$

$$P_{2n-1}(0)=0,\quad P_{2n}(0)=\frac{(-1)^n(2n)!}{2^{2n}(n!)^2}.$$

从理论上讲,要求一个函数在一点处的值,只需要把这个点代入函数的表达式中.但现在 $P_n(x)$ 是一个多项式,当 $x_0 \neq 0$ 时,代入点 x_0 的值就会得到 $n+1$ 项之和,不便于计算,所以要选取 $P_n(x)$ 合适的表达式.当然,当 $x_0=0$ 时,把 x_0 代入 $P_n(x)$ 得 $P_n(0)$,它就是 $P_n(x)$ 中的常数项,不需要考虑其他形式的表达式.我们已经知道 $P_n(x)$ 有两种表达方式,一个是多项式的表示,另一个是罗德里格斯表达式.

为了计算 $P_n(\pm 1)$,我们用罗德里格斯表达式

$$P_n(x)=\frac{1}{2^n n!}\frac{\mathrm{d}^n}{\mathrm{d}x^n}(x^2-1)^n.$$

因为

$$\begin{aligned}
&\frac{\mathrm{d}^n}{\mathrm{d}x^n}(x^2-1)^n\\
&=\frac{\mathrm{d}^n}{\mathrm{d}x^n}[(x+1)^n(x-1)^n]\\
&=\frac{\mathrm{d}^n}{\mathrm{d}x^n}(x+1)^n\cdot(x-1)^n+\mathrm{C}_n^1\frac{\mathrm{d}^{n-1}}{\mathrm{d}x^{n-1}}(x+1)^n\cdot\frac{\mathrm{d}}{\mathrm{d}x}(x-1)^n+\cdots+\\
&\quad (x+1)^n\frac{\mathrm{d}^n}{\mathrm{d}x^n}(x-1)^n,
\end{aligned}$$

除最后一项外,其余各项都含有 $(x-1)$ 的因子,所以

$$P_n(1)=\frac{1}{2^n n!}(1+1)^n n!=1.$$

此外,除第一项外,其余各项都含有 $(x+1)$ 的因子,所以

$$P_n(-1)=\frac{1}{2^n n!}\cdot n!(-2)^n=(-1)^n.$$

为了计算 $P_n(0)$,我们利用表达式

$$P_n(x)=\sum_{m=0}^{M}(-1)^m\frac{(2n-2m)!}{2^n m!(n-m)!(n-2m)!}x^{n-2m}.$$

当 n 为奇数时,$P_n(x)$ 无常数项,故

$$P_{2n-1}(0)=0.$$

当 n 为偶数时,

$$P_{2n}(x)=\sum_{m=0}^{n}(-1)^m\frac{(4n-2m)!\,x^{2(n-m)}}{2^{2n}m!\,(2n-m)!\,(2n-2m)!},$$

它的常数项

$$P_{2n}(0)=(-1)^n\frac{(4n-2n)!}{2^{2n}(n!)^2 0!}=(-1)^n\frac{(2n)!}{2^{2n}(n!)^2}.$$

2. 证明：(1) $x^2=\frac{2}{3}P_2(x)+\frac{1}{3}P_0(x)$；

(2) $x^3=\frac{2}{5}P_3(x)+\frac{3}{5}P_1(x)$.

证明这两个结论至少有两个方法，一个是把 $P_0(x)$，$P_1(x)$，$P_2(x)$ 与 $P_3(x)$ 的表达式代入右端后进行简化；另一个方法是将 x^2 及 x^3 按勒让德多项式函数系进行展开.

3. 计算下列积分：

(1) $\int_0^1 xP_5(x)\,\mathrm{d}x$ ；

(2) $\int_{-1}^1[P_2(x)]^2\mathrm{d}x$；

(3) $\int_{-1}^1 P_2(x)P_4(x)\,\mathrm{d}x$.

为了计算(1)中积分值，将 $P_5(x)$ 用罗德里格斯表达式，再分部积分.要计算(2)，最简便的方法就是把 $P_2(x)$ 的多项式表达式代入.当然也可用罗德里格斯表达式再分部积分.对(3)中积分亦可类似处理.

$$\begin{aligned}(1)\ \int_0^1 xP_5(x)\,\mathrm{d}x&=\int_0^1 x\cdot\frac{1}{2^5 5!}\frac{\mathrm{d}^5}{\mathrm{d}x^5}(x^2-1)^5\mathrm{d}x\\&=\frac{1}{2^5 5!}\int_0^1 x\frac{\mathrm{d}}{\mathrm{d}x}\left[\frac{\mathrm{d}^4}{\mathrm{d}x^4}(x^2-1)^5\right]\mathrm{d}x\\&=\frac{1}{2^5 5!}\left[x\frac{\mathrm{d}^4}{\mathrm{d}x^4}(x^2-1)^5\Big|_0^1-\int_0^1\frac{\mathrm{d}^4}{\mathrm{d}x^4}(x^2-1)^5\mathrm{d}x\right]\\&=0.\end{aligned}$$

$$\begin{aligned}(2)\ \int_{-1}^1[P_2(x)]^2\mathrm{d}x&=\left(\frac{1}{2^2 2!}\right)^2\int_{-1}^1\frac{\mathrm{d}^2}{\mathrm{d}x^2}(x^2-1)^2\cdot\frac{\mathrm{d}^2}{\mathrm{d}x^2}(x^2-1)^2\mathrm{d}x\\&=\left(\frac{1}{2^2 2!}\right)^2\left[\frac{\mathrm{d}}{\mathrm{d}x}(x^2-1)^2\cdot\frac{\mathrm{d}^2}{\mathrm{d}x^2}(x^2-1)^2\Big|_{-1}^1-\right.\end{aligned}$$

$$\int_{-1}^{1}\frac{\mathrm{d}}{\mathrm{d}x}(x^2-1)^2\cdot\frac{\mathrm{d}^3}{\mathrm{d}x^3}(x^2-1)^2\mathrm{d}x\Bigg]$$

$$=\left(\frac{1}{2^2 2!}\right)^2\left[-(x^2-1)^2\frac{\mathrm{d}^3}{\mathrm{d}x^3}(x^2-1)^2\Big|_{-1}^{1}+\right.$$

$$\left.\int_{-1}^{1}(x^2-1)^2\frac{\mathrm{d}^4}{\mathrm{d}x^4}(x^2-1)^2\mathrm{d}x\right]$$

$$=\frac{1}{64}\int_{-1}^{1}4!\ \cdot(x^2-1)^2\mathrm{d}x=\frac{2}{5}.$$

(3) $\int_{-1}^{1}P_2(x)P_4(x)\mathrm{d}x=\int_{-1}^{1}P_2(x)\cdot\frac{1}{2^4 4!}\frac{\mathrm{d}^4}{\mathrm{d}x^4}(x^2-1)^4\mathrm{d}x$

$$=\frac{1}{2^4 4!}\left[P_2(x)\frac{\mathrm{d}^3}{\mathrm{d}x^3}(x^2-1)^4\Big|_{-1}^{1}-\right.$$

$$\left.\int_{-1}^{1}\frac{\mathrm{d}}{\mathrm{d}x}P_2(x)\cdot\frac{\mathrm{d}^3}{\mathrm{d}x^3}(x^2-1)^4\mathrm{d}x\right]$$

$$=\frac{1}{2^4 4!}\left[-\frac{\mathrm{d}}{\mathrm{d}x}P_2(x)\cdot\frac{\mathrm{d}^2}{\mathrm{d}x^2}(x^2-1)^4\Big|_{-1}^{1}+\right.$$

$$\left.\int_{-1}^{1}\frac{\mathrm{d}^2P_2(x)}{\mathrm{d}x}\cdot\frac{\mathrm{d}^2}{\mathrm{d}x^2}(x^2-1)^4\mathrm{d}x\right]$$

$$=\frac{1}{2^4 4!}\left[\frac{\mathrm{d}^2P_2(x)}{\mathrm{d}x^2}\cdot\frac{\mathrm{d}}{\mathrm{d}x}(x^2-1)^4\Big|_{-1}^{1}-\right.$$

$$\left.\int_{-1}^{1}\frac{\mathrm{d}^3P_2(x)}{\mathrm{d}x^3}\cdot\frac{\mathrm{d}(x^2-1)^4}{\mathrm{d}x}\mathrm{d}x\right]=0.$$

4. 若

$$f(x)=\begin{cases}0, & -1<x\leqslant 0,\\ x, & 0<x<1,\end{cases}$$

证明

$$f(x)=\frac{1}{4}P_0(x)+\frac{1}{2}P_1(x)+\frac{5}{16}P_2(x)-\frac{3}{32}P_4(x)+\cdots.$$

这个问题就是要将上述$f(x)$展开成勒让德多项式的级数

$$f(x)=\sum_{n=0}^{\infty}C_nP_n(x),$$

其中 C_n 由

$$C_n=\frac{2n+1}{2}\int_{-1}^{1}f(x)P_n(x)\,\mathrm{d}x=\frac{2n+1}{2}\int_{0}^{1}xP_n(x)\,\mathrm{d}x$$

确定.为了计算右端积分,将 $P_n(x)$ 用罗德里格斯表达式代入,然后用分部积分法.不过当 $n=0$ 及 $n=1$ 时,被积函数分别是 x 及 x^2,可以直接积分,即

$$C_0=\frac{1}{2}\int_0^1 xP_0(x)\,\mathrm{d}x=\frac{1}{2}\int_0^1 x\,\mathrm{d}x=\frac{1}{4},$$

$$C_1=\frac{3}{2}\int_0^1 xP_1(x)\,\mathrm{d}x=\frac{3}{2}\int_0^1 x^2\,\mathrm{d}x=\frac{1}{2}.$$

当 $n\geqslant 2$ 时,通过分部积分法得

$$C_n=-\frac{2n+1}{2}\cdot\frac{1}{2^n n!}\left[\frac{\mathrm{d}^{n-2}}{\mathrm{d}x^{n-2}}(x^2-1)^n\right]\Bigg|_0^1,$$

因 $(x^2-1)^n=(x-1)^n(x+1)^n$,对它求 $n-2$ 阶导数,所以求完导数后所得的每一项都会含有 $x-1$ 的因子,即

$$\left[\frac{\mathrm{d}^{n-2}}{\mathrm{d}x^{n-2}}(x^2-1)^n\right]\Bigg|_{x=1}=0.$$

接下来要计算

$$\left[\frac{\mathrm{d}^{n-2}}{\mathrm{d}x^{n-2}}(x^2-1)^n\right]\Bigg|_{x=0}.$$

由于结论中右端只有四项,所以只需令 $n=2,3,4$ 求出上述值.例如

$$C_2=\frac{5}{2}\cdot\frac{1}{8}(x^2-1)^2\Big|_{x=0}=\frac{5}{16},$$

$$C_3=\frac{7}{2}\cdot\frac{1}{2^3 3!}\frac{\mathrm{d}}{\mathrm{d}x}(x^2-1)^3\Big|_{x=0}=\frac{7}{16}x(x^2-1)^2\Big|_{x=0}=0,$$

$$C_4=\frac{9}{2^5 4!}\frac{\mathrm{d}^2}{\mathrm{d}x^2}(x^2-1)^4\Big|_{x=0}=-\frac{3}{32}.$$

对一般情况,读者只要利用求乘积的高阶导数的莱布尼茨公式即可.

5. 证明:

$$P_n(x)=\frac{1}{2n+1}\left[P'_{n+1}(x)-P'_{n-1}(x)\right].$$

这也是勒让德多项式的一个递推公式.要证明这个等式,只要证明

$$P'_{n+1}(x) = P'_{n-1}(x) + (2n+1)P_n(x).$$

还是利用罗德里格斯表达式

$$\begin{aligned}
P'_{n+1}(x) &= \frac{1}{2^{n+1}(n+1)!}\frac{\mathrm{d}^{n+2}}{\mathrm{d}x^{n+2}}(x^2-1)^{n+1} \\
&= \frac{1}{2^{n+1}(n+1)!}\frac{\mathrm{d}^{n+1}}{\mathrm{d}x^{n+1}}\left[\frac{\mathrm{d}}{\mathrm{d}x}(x^2-1)^{n+1}\right] \\
&= \frac{1}{2^n n!}\frac{\mathrm{d}^{n+1}}{\mathrm{d}x^{n+1}}[x(x^2-1)^n] \\
&= \frac{1}{2^n n!}\frac{\mathrm{d}^n}{\mathrm{d}x^n}[(x^2-1)^n + 2nx^2(x^2-1)^{n-1}] \\
&= P_n(x) + \frac{1}{2^{n-1}(n-1)!}\frac{\mathrm{d}^n}{\mathrm{d}x^n}[x^2(x^2-1)^{n-1}] \\
&= P_n(x) + \frac{1}{2^{n-1}(n-1)!}\frac{\mathrm{d}^n}{\mathrm{d}x^n}[(x^2-1)^n + (x^2-1)^{n-1}],
\end{aligned}$$

将右端稍作整理即可得所要证的结论.

6. 证明:

$$P'_n(x) = (2n-1)P_{n-1}(x) + (2n-5)P_{n-3}(x) + (2n-9)P_{n-5}(x) + \cdots.$$

重复利用上一题(第 5 题)的结果,即反复地利用

$$P'_{k+1}(x) = (2k+1)P_k(x) + P'_{k-1}(x)$$

可证明本题的结论.

7. 验证 $P_n(x)=\dfrac{1}{2^n n!}\dfrac{\mathrm{d}^n}{\mathrm{d}x^n}(x^2-1)^n$ 满足勒让德方程.

该题就是要证明 $P_n(x)$满足

$$(1-x^2)P''_n(x) - 2xP'_n(x) + n(n+1)P_n(x) = 0.$$

因为

$$\frac{\mathrm{d}}{\mathrm{d}x}(x^2-1)^n = 2nx(x^2-1)^{n-1},$$

故

$$(x^2-1)\frac{\mathrm{d}}{\mathrm{d}x}(x^2-1)^n = 2nx(x^2-1)^n.$$

考虑到 $P_n(x)$ 的表达式中含有 $(x^2-1)^n$ 对 x 求 n 阶导数,所以 $P''_n(x)$ 中应含有 $(x^2-1)^n$ 对 x 求 $n+2$ 阶导数.我们在上式两端对 x 求 $n+1$ 阶导数,并利用求乘积的高阶导数的莱布尼茨公式,即可得到要证的结论.应注意的是,由于 x^2-1 是 x 的二次函数,所以在对上式左端求 $n+1$ 阶导数时,实际上只保留了三项.

下面把运算过程写出来,在

$$(x^2-1)\frac{\mathrm{d}}{\mathrm{d}x}(x^2-1)^n=2nx(x^2-1)^n$$

两端对 x 求 $n+1$ 阶导数,利用求乘积高阶导数的**莱布尼茨(Leibniz)公式**①得

$$\begin{aligned}&(x^2-1)\frac{\mathrm{d}^{n+2}}{\mathrm{d}x^{n+2}}(x^2-1)^n+(n+1)2x\frac{\mathrm{d}^{n+1}}{\mathrm{d}x^{n+1}}(x^2-1)^n+\\&\frac{n(n+1)}{2}2\frac{\mathrm{d}^n}{\mathrm{d}x^n}(x^2-1)^n\\&=2nx\frac{\mathrm{d}^{n+1}}{\mathrm{d}x^{n+1}}(x^2-1)^n+2n(n+1)\frac{\mathrm{d}^n}{\mathrm{d}x^n}(x^2-1)^n,\end{aligned}$$

两端再乘 $\dfrac{1}{2^n n!}$ 得

$$(1-x^2)P''_n(x)-2xP'_n(x)+n(n+1)P_n(x)=0,$$

即 $P_n(x)$ 满足勒让德方程.

8. 在半径为 1 的球内求调和函数 u,使

$$u\big|_{r=1}=3\cos 2\theta+1.$$

所谓求调和函数,就是求拉普拉斯方程 $\Delta u=0$ 的解.在球面坐标系 (r,θ,φ) 中,

$$\Delta u=\frac{1}{r^2}\frac{\partial}{\partial r}\left(r^2\frac{\partial u}{\partial r}\right)+\frac{1}{r^2\sin\theta}\frac{\partial}{\partial\theta}\left(\sin\theta\frac{\partial u}{\partial\theta}\right)+\frac{1}{r^2\sin^2\theta}\frac{\partial^2 u}{\partial\varphi^2},$$

由于边界条件不依赖于 φ,所以 u 也应不依赖于 φ,于是要解下列边值问题

$$\begin{cases}\dfrac{1}{r^2}\dfrac{\partial}{\partial r}\left(r^2\dfrac{\partial u}{\partial r}\right)+\dfrac{1}{r^2\sin\theta}\dfrac{\partial}{\partial\theta}\left(\sin\theta\dfrac{\partial u}{\partial\theta}\right)=0, & 0<r<1,\\ u\big|_{r=1}=3\cos 2\theta+1, & 0\leqslant\theta\leqslant\pi.\\ |u|\big|_{r=0}<\infty, & 0\leqslant\varphi\leqslant 2\pi.\end{cases}$$

---

① 求乘积函数高阶导数的莱布尼茨公式为

$$(uv)^{(n)}=u^{(0)}u^{(n)}+\mathrm{C}_n^1u'v^{(n-1)}+\cdots+\mathrm{C}_n^ku^{(k)}v^{(n-k)}+\cdots+u^{(n)}v^{(0)},$$

其中 $\mathrm{C}_n^k=\dfrac{n!}{k!\,(n-k)!}$.

用分离变量法来求解.令

$$u(r,\theta)=R(r)\Theta(\theta),$$

代入方程

$$\frac{\dfrac{\partial}{\partial r}(r^2R')}{R}=-\frac{\dfrac{1}{\sin\theta}\dfrac{\partial}{\partial\theta}(\sin\theta\Theta')}{\Theta}=\lambda,$$

即

$$r^2R''+2rR'-\lambda R=0,$$

$$\Theta''+\cot\theta\Theta'+\lambda\Theta=0.$$

令 $\lambda=n(n+1)$,$x=\cos\theta$,$\Theta(\arccos x)=P(x)$,则得

$$(1-x^2)\frac{\mathrm{d}^2P}{\mathrm{d}x^2}-2x\frac{\mathrm{d}P}{\mathrm{d}x}+n(n+1)P=0,$$

这是勒让德方程.为了使解 u 有界,在 $[0,\pi]$ 内 $\Theta(\theta)$ 也应有界,即 $P(x)$ 在 $[-1,1]$ 上应有界.根据前面对勒让德方程解的有界性分析,n 只能取整数,不妨取 n 为非负整数,故

$$P(x)=C_nP_n(x)+D_nQ_n(x),$$

其中 $P_n(x)$ 是 n 阶勒让德多项式,或者

$$\Theta_n(\theta)=C_nP_n(\cos\theta)+D_nQ_n(\cos\theta).$$

再由有界性得 $D_n=0$,即

$$\Theta_n(\theta)=C_nP_n(\cos\theta).$$

R 所满足的方程是一个欧拉方程,它的通解为

$$R_n(r)=A_nr^n+B_nr^{-(n+1)}.$$

当 $r\to0$ 时,$|R_n|$ 应保持有界,故 $B_n=0$,即

$$R_n(r)=A_nr^n.$$

利用叠加原理,原问题的解可表示为

$$u(r,\theta)=\sum_{n=0}^{\infty}C_nr^nP_n(\cos\theta).$$

接下来就是要利用边界条件确定系数 C_n,即 C_n 满足

$$3\cos2\theta+1=\sum_{n=0}^{\infty}C_nP_n(\cos\theta).$$

如何计算 C_n 呢？要用一些小技巧,首先令 $x=\cos\theta$,则

$$3\cos 2\theta + 1 = 3(2\cos^2\theta - 1) + 1 = 6x^2 - 2,$$

故上式可写成

$$6x^2 - 2 = \sum_{n=0}^{\infty} C_n P_n(x).$$

从左端可知,当 $n\geqslant 3$ 时,$C_n=0$,又因左端不含有 x 项,故 $C_1=0$,剩下只有 C_0 与 C_2 了.可以直接利用公式来计算,也可以用比较系数法,即由

$$6x^2 - 2 = C_0 + C_2P_2(x) = C_0 + C_2 \cdot \frac{1}{2}(3x^2 - 1)$$

得

$$C_0 = 0, \quad C_2 = 4.$$

最后得到解

$$u(r,\theta) = 4r^2P_2(\cos\theta) = 2r^2(3\cos^2\theta - 1).$$

9. 在半径为 1 的球内求调和函数,已知在球面上

$$u\big|_{r=1} = \begin{cases} A, & 0 \leqslant \theta \leqslant \alpha, \\ 0, & \alpha < \theta \leqslant \pi. \end{cases}$$

此题的解法及运算过程与前一题(第 8 题)类似,所不同的只是边界上的数据不同,因此只有在计算解的级数展开式中的系数时与上题有区别.

解仍可表示为

$$u(r,\theta) = \sum_{n=0}^{\infty} C_n r^n P_n(\cos\theta),$$

其中

$$C_n = \frac{2n+1}{2}\int_{\cos\alpha}^{1} AP_n(x)\mathrm{d}x, \quad n = 0,1,2,\cdots.$$

$$C_0 = \frac{1}{2}\int_{\cos\alpha}^{1} AP_0(x)\mathrm{d}x = \frac{A}{2}(1 - \cos\alpha),$$

$$C_1 = \frac{3}{2}\int_{\cos\alpha}^{1} AP_1(x)\mathrm{d}x = \frac{3A}{2}\int_{\cos\alpha}^{1} x\mathrm{d}x = \frac{3A}{4}(1 - \cos^2\alpha) = \frac{3}{4}A\sin^2\alpha, \cdots.$$

所以解为

$$u(r,\theta) = \frac{A}{2}(1 - \cos\alpha) + \frac{3A}{4}\sin^2\alpha P_1(\cos\theta)r + \cdots.$$

10. 在半径为 1 的球的外部求调和函数,使

$$u\big|_{r=1} = \cos^2\theta.$$

本题与前面两题的相同之处都是求调和函数，且这个函数与变量 φ 无关.不同之处在于前两题是在球的内部求解，这题则是在球的外部求解，所以解应该在球的外部(包括无穷远点)是有界的.再由教材第四章中关于外部问题解的唯一性的说明，它还应满足当 $r\to\infty$ 时趋向于零.这个差别反映在解的表达式上有什么不同呢？由第 8 题可知通过变量分离后得到两个常微分方程，一个是勒让德方程，另一个是关于 R 的欧拉方程，而欧拉方程的通解为

$$R_n(r)=C_nr^n+D_nr^{-(n+1)},\quad n\text{ 为非负整数}.$$

显然，对 $n\geqslant 0$ 当 $r\to\infty$ 时，r^n 不可能趋向于零，故 $C_n=0,n=0,1,2,\cdots$.从而它的解可表示为

$$u(r,\theta)=\sum_{n=0}^{\infty}D_nr^{-(n+1)}P_n(\cos\theta).$$

在确定系数 D_n 时，仍令 $x=\cos\theta$，并使用第 8 题中的比较系数法，请读者自己完成.

11. 证明勒让德多项式的母函数为$\dfrac{1}{\sqrt{1+t^2-2tx}}$，即

$$\frac{1}{\sqrt{1+t^2-2tx}}=\sum_{n=0}^{\infty}P_n(x)t^n.$$

此题的证法在教材中已有提示，只是运算比较复杂.下面把主要步骤说明一下：

当 $|t|$ 足够小时，对固定的 x 可使 $|t^2-2tx|<1$，先将 $[1+(t^2-2xt)]^{-\frac{1}{2}}$ 展开成 t^2-2xt 的幂级数，利用微积分中已有的公式

$$(1+x)^{\alpha}=1+\sum_{n=1}^{\infty}\frac{\alpha(\alpha-1)\cdots(\alpha-n+1)}{n!}x^n,$$

其中 α 为任意实数，这个级数称为二项式级数，当 $\alpha\leqslant-1$ 时，它的收敛域为 $(-1,1)$；当 $-1<\alpha<0$ 时，它的收敛区域为 $(-1,1]$；当 $\alpha\geqslant 0$ 时，它的收敛域为 $[-1,1]$.

现在 $\alpha=-\dfrac{1}{2}$，故

$$\begin{aligned}[1+(t^2-2xt)]^{-\frac{1}{2}}&=1+\sum_{r=1}^{\infty}\frac{1\cdot3\cdot5\cdots(2r-1)}{2^rr!}(2xt-t^2)^r\\&=1+\sum_{r=1}^{\infty}\frac{(2r)!}{2^{2r}(r!)^2}(2xt-t^2)^r.\end{aligned}$$

又

$$
\begin{aligned}
(2xt-t^2)^r &= 2^r x^r t^r\left(1-\frac{t}{2x}\right)^r \\
&= 2^r x^r t^r \sum_{k=0}^{\infty}(-1)^k \frac{r(r-1)\cdots(r-k+1)}{k!}(2x)^{-k}t^k \\
&= \sum_{k=0}^{r}(-1)^k \frac{r!\ x^{r-k}2^{r-k}}{k!\ (r-k)!}t^{k+r}
\end{aligned}
$$

(注意:这里的 r 是正整数),因此

$$
[1+(t^2-2xt)]^{-\frac{1}{2}} = 1+\sum_{r=1}^{\infty}\sum_{k=0}^{r}(-1)^k \frac{r!\ (2r)!\ 2^{r-k}x^{r-k}}{2^{2r}(r!)^2 k!\ (r-k)!}t^{k+r}.
$$

现在的问题是要说明 t^n 前的系数是 $P_n(x)$,令 $n=k+r$,其中 k,r 都是非负整数($r\geqslant 1$),且 $0\leqslant k\leqslant r$,要它们之和为 n 有多种可能性.例如 $r=n,k=0;r=n-1,k=1;\cdots;r=n-m,k=m$;等等.考虑一般的情况,即 $r=n-m,k=m$,由于 $k\leqslant r$,即 $m\leqslant n-m$,或 $m\leqslant\dfrac{n}{2}$.为使 m 为整数,故 $m\leqslant\left[\dfrac{n}{2}\right]$.这时 t^n 前的系数为

$$
(-1)^m \frac{(2n-2m)!\ x^{n-2m}}{2^n(n-m)!\ m!\ (n-2m)!}.
$$

所以

$$
\begin{aligned}
[1+(t^2-2xt)]^{-\frac{1}{2}} &= \sum_{n=0}^{\infty}\sum_{m=0}^{\left[\frac{n}{2}\right]}(-1)^m \frac{(2n-2m)!\ x^{n-2m}}{2^n(n-m)!\ m!\ (n-2m)!}t^n \\
&= \sum_{n=0}^{\infty}P_n(x)t^n.
\end{aligned}
$$

12. 利用勒让德多项式的母函数,证明递推关系式

$$
P_{n+1}(x)=\frac{2n+1}{n+1}xP_n(x)-\frac{n}{n+1}P_{n-1}(x).
$$

利用母函数证明递推关系就是要从

$$
(1+t^2-2xt)^{-\frac{1}{2}}=\sum_{n=0}^{\infty}P_n(x)t^n
$$

出发来证明.由上式两端对 t 求导数,得

$$
-\frac{1}{2}(1+t^2-2xt)^{-\frac{3}{2}}(2t-2x)=\sum_{n=0}^{\infty}nP_n(x)t^{n-1},
$$

即

$$(1+t^2-2xt)^{-\frac{1}{2}}(x-t)=(1+t^2-2xt)\sum_{n=0}^{\infty}nP_n(x)t^{n-1}.$$

再利用母函数定义得

$$(x-t)\sum_{n=0}^{\infty}P_n(x)t^n=(1+t^2-2xt)\sum_{n=0}^{\infty}nP_n(x)t^{n-1},$$

即

$$\begin{aligned}&x\sum_{n=0}^{\infty}P_n(x)t^n-\sum_{n=0}^{\infty}P_n(x)t^{n+1}\\&=\sum_{n=0}^{\infty}nP_n(x)t^{n-1}+\sum_{n=0}^{\infty}nP_n(x)t^{n+1}-2x\sum_{n=0}^{\infty}nP_n(x)t^n,\end{aligned}$$

所以

$$\begin{aligned}\sum_{n=0}^{\infty}(2n+1)xP_n(x)t^n&=\sum_{n=0}^{\infty}(1+n)P_n(x)t^{n+1}+\sum_{n=0}^{\infty}nP_n(x)t^{n-1}\\&=\sum_{n=1}^{\infty}nP_{n-1}(x)t^n+\sum_{n=0}^{\infty}(n+1)P_{n+1}(x)t^n.\end{aligned}$$

比较两端 t^n 的系数,得

$$(2n+1)xP_n(x)=(n+1)P_{n+1}(x)+nP_{n-1}(x),$$

这就是要证的递推关系.

§2.7 数学物理方程的近似解法

2.7.1 内容的评述

对于一个定解问题,要想求出其准确解(或称精确解)是很困难的,特别是从科学技术实际问题中建立的偏微分方程大多是非线性的,很少能求出精确解,这时就要利用近似方法.教材中讲了两个近似方法,一个是差分方法,另一个是变分方法.差分方法是偏微分方程中最基本、最常用的方法,对于差分方法读者要注意三个问题:

第一,如何把一个偏微分方程的定解问题转化成为一个差分问题.为此,要做两件事,一是把微分方程化成差分方程,即把微分变成差分,二是把定解条件化成差分方程的定解条件.基本的做法就是用网格将求解的区域进行分割,然后列出解在网格各个结点上的值所满足的方程及定解条件.需要指出的是,网格的分法不是唯一的,要依据问题的具体情况选用更加合适的网格.

第二,差分方程的求解.差分问题是一个代数方程组的求解问题,网格划分越细,代数方程的个数就越多,求解就越困难.所以在解决实际问题时,读者要学会选用合理的代数方程组的近似解法并使用电子计算机.

第三,要理解差分格式的收敛性并选用已经被证明了是收敛的差分格式.只有这样才能保证由差分方程所得的解收敛于原定解问题的解.

虽然教材中已就以上三个问题的三类方程的定解问题作了讲解,但比较简略,读者若想用差分方程解决实际问题,还需要阅读专门著作.

变分学(或称变分法)是由微积分中的极值问题(即求一个函数的极大值或极小值问题)发展起来的,它不是研究一个函数的极值,而是研究泛函的极值.什么叫泛函呢?泛函就是从一个函数空间(或这个空间内的一个集合)到实(复)数域内的一个映射.变分学和偏微分方程有什么关系呢?可以从两方面来阐述.第一方面是:受弹性力学中的最小位能原理的启发,德国数学家黎曼在 19 世纪中叶曾提出过一个著名的想法(后人称为**狄利克雷原理**):

若 u_0 在 Ω 内是一次连续可微的,$(u_0)_x,(u_0)_y\in L^2(\Omega)$(即 $\int_\Omega (u_0)_x^2\mathrm{d}x\mathrm{d}y$, $\int_\Omega (u_0)_y^2\mathrm{d}x\mathrm{d}y<\infty$)且 $u|_{\partial\Omega}=\varphi$,简记成 $u_0\in M_\varphi\equiv\{u\in C^1(\Omega)\mid u_x,u_y\in L^2(\Omega),u|_{\partial\Omega}=\varphi\}$.并且 u_0 使泛函

$$J(u)=\int_\Omega |\nabla u|^2\mathrm{d}x\mathrm{d}y$$

在 M_φ 内达到最小值,即

$$J(u_0)=\min_{u\in M_\varphi}J(u),$$

则 u_0 必是下列边值问题:

$$\begin{cases}-\Delta u=0, & (x,y)\in\Omega,\\ u|_{\partial\Omega}=\varphi\end{cases}$$

的解.

这个原理一提出就受到了一些数学家的质疑和批评.尽管如此,它还是非常吸引人,受到许多人的重视和研究,直到 20 世纪 40 年代终于获得圆满地解

决.狄利克雷原理为求解偏微分方程的定解问题提供了一个途径.

第二方面是,变分问题的求解也会导出一个偏微分方程的定解问题,如教材第八章中所讲的极小曲面问题,它就是求泛函

$$J(v)=\iint_D\sqrt{1+v_x^2+v_y^2}\,\mathrm{d}x\mathrm{d}y$$

在 M_φ 中的最小值,为了求出最小值,我们得到了作为使这个泛函获得最小值的函数 u 必须满足的条件

$$(1+u_y^2)u_{xx}-2u_xu_yu_{xy}+(1+u_x^2)u_{yy}=0$$

(这里假设了 u 是二次连续可微的),即 u 必是一个定解问题的解.其实这里所说的结论是具有一般性的.这样一来,在一定条件下求解变分问题和求解偏微分方程的定解问题是等价的.

要注意,上面所说的等价性是有前提的,即“在一定条件下”.这个条件是什么呢? 如极小曲面问题所对应的变分问题的解只要求是一次连续可微就够了,而定解问题的解则要求是二次连续可微的,所以要使二者等价,就要求变分问题的解也是二次连续可微的.这个要求显然是苛刻的,因为即使在一次连续可微的函数类中变分问题也未必可解,于是人们不得不推广解的概念,并且证明了变分问题

$$J(u)=\min J(v),\tag{2.7.1}$$

其中

$$J(v)=\frac{1}{2}\iint_\Omega(|\nabla u|^2-2uf)\,\mathrm{d}x\mathrm{d}y\tag{2.7.2}$$

在 $H_0^1(\Omega)$ 中是有解的.我们把这个解 u 称为边值问题

$$\begin{cases}-\Delta u=f(x,y), & (x,y)\in\Omega,\\ u\big|_{\partial\Omega}=0\end{cases}\tag{2.7.3}$$

的弱解.当弱解具有更高的光滑性时它也是古典解.

用变分方法求解边值问题(2.7.3)时最关键的一步就是如何求变分问题(2.7.1)、(2.7.2)的解,这也不是一件简单的事! 通常是一些近似求解的方法,**里茨-伽辽金(Ritz-Galerkin)方法**就是其中之一.为了看清这个方法的实质,我们先回顾一下本书第一章中的傅里叶分析,它告诉我们:一个定义在 $[-\pi,\pi]$ 上的连续函数在一定条件下可展成如下的傅里叶级数:

$$f(x)=\frac{a_0}{2}+\sum_{n=1}^{\infty}(a_n\cos nx+b_n\sin nx),$$

换一种说法就是：三角函数系

$$\{1,\cos nx,\sin nx:n=1,2,\cdots\}$$

是函数空间 $C([-\pi,\pi])$（它由 $[-\pi,\pi]$ 上所有连续函数所组成）内的一个完全正交系，而 $\left\{\dfrac{1}{\sqrt{2\pi}},\dfrac{\cos nx}{\sqrt{\pi}},\dfrac{\sin nx}{\sqrt{\pi}}:n=1,2,\cdots\right\}$ 是这个空间内的一个标准完全正交系.这样的完全正交系也称为该空间的一个“**标准正交基**”.有了标准正交基后，这个空间中的任意一个元素都可以用它的线性组合表示出来.如果只取级数表达式前有限项即得这个函数的近似值，例如

$$f_N(x)=\frac{a_0}{2}+\sum_{n=1}^{N}(a_n\cos nx+b_n\sin nx)$$

就是上述 $f(x)$ 的一个近似值.

前面已经说过，变分问题(2.7.1)、(2.7.2)在空间 $H_0^1(\Omega)$ 内有解，当然这个解也可以用 $H_0^1(\Omega)$ 中的一个标准正交基表示出来.例如，设 $\{\varphi_1(x),\varphi_2(x),\cdots,\varphi_n(x),\cdots\}$ 是 $H_0^1(\Omega)$ 中的一个标准正交基，u 是变分问题(2.7.1)、(2.7.2)的解，则 u 可表示为

$$u(x)=\sum_{n=1}^{\infty}a_n\varphi_n(x)$$

（注意：这里用 $x=(x_1,x_2)$ 代替了(2.7.2)及(2.7.3)中的 (x,y)，这样做便于用于高维问题）.若取前 N 项即得 $u(x)$ 的一个近似值 u_N.里茨-伽辽金方法就是用

$$u_N=\sum_{n=1}^{N}a_n\varphi_n$$

代替变分问题的解，然后选 $a_1,a_2,\cdots,a_N$ 使 $J(u_N)$ 达到最小.这是一个多元函数的极值问题，容易求出它的解，把求出的 $a_1,a_2,\cdots,a_N$ 代入 u_N 中即得变分问题的近似解，它也就是相应的边值问题的近似解.

使用这个方法的一个难点就是寻找 $H_0^1(\Omega)$ 中的标准正交基.不过由于我们只求近似解，所以只要选几个在边界上恒等于零的线性无关的函数就行了.

2.7.2　习题的启示与解答

1. 设区域 Ω 是边长为 1，中心在原点的正方形，用差分解法（取步长 $h=0.1$）求拉普拉斯方程

$$\frac{\partial^2 u}{\partial x^2}+\frac{\partial^2 u}{\partial y^2}=0$$

的狄利克雷问题的解的第一次近似值 $U_{i,j}^{(1)}$（取零次近似值为 $U_{i,j}^{(0)}=0$）. 其边界条件为

$$u\big|_{x=\pm\frac{1}{2}}=-1,\quad u\big|_{y=\pm\frac{1}{2}}=1.$$

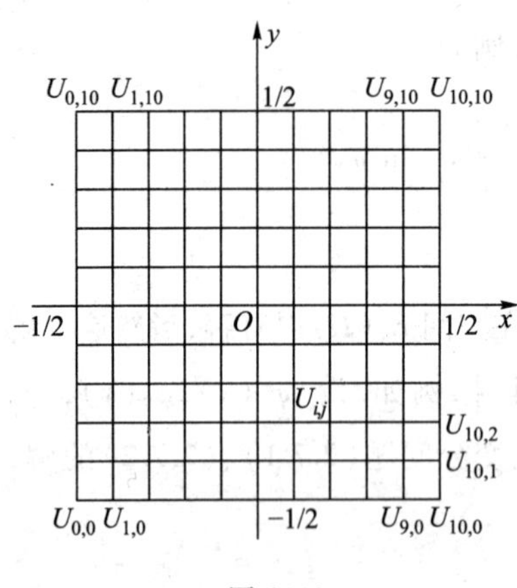

图 2.10

作差分网格，由 $h=0.1$ 为步长，作网格如图 2.10. 其中

$$x_i=-\frac{1}{2}+ih,\quad y_j=-\frac{1}{2}+jh$$

$(i,j=0,1,2,\cdots,10)$.

所给区域内点 (x_i,y_j) 处解 u 的近似值记为 $U_{i,j}(i,j=1,2,\cdots,9)$.

由二维拉普拉斯方程的差分法的异步迭代公式有

$$U_{i,j}^{(1)}=\frac{1}{4}[U_{i+1,j}^{(0)}+U_{i,j+1}^{(0)}+U_{i-1,j}^{(1)}+U_{i,j-1}^{(1)}],$$

其中 $U_{i,j}^{(1)}$ 表示 (x_i,y_j) 结点上的一次近似值，$U_{i,j}^{(0)}$ 表示 (x_i,y_j) 结点上的 0 次近似值，已知所有 0 次近似值为

$$U_{i,j}^{(0)}=0\ (i,j=1,2,\cdots,9).$$

边界条件为

$$U_{i,0}=U_{i,10}=1\ (i=0,1,2,\cdots,10),$$
$$U_{0,j}=U_{10,j}=-1\ (j=0,1,2,\cdots,10).$$

于是代入公式计算一次近似如下（共有 9×9=81 个结点）：

（1）$U_{i,1}^{(1)}$ 值：

$$U_{1,1}^{(1)}=\frac{1}{4}[U_{2,1}^{(0)}+U_{1,2}^{(0)}+U_{0,1}^{(1)}+U_{1,0}^{(1)}]$$

$$=\frac{1}{4}[0+0+(-1)+1]=0.0000,$$

$$U_{2,1}^{(1)}=\frac{1}{4}[U_{3,1}^{(0)}+U_{2,2}^{(0)}+U_{1,1}^{(1)}+U_{2,0}^{(1)}]$$

$$=\frac{1}{4}(0+0+0+1)=0.2500,$$

$$U_{3,1}^{(1)}=\frac{1}{4}[U_{4,1}^{(0)}+U_{3,2}^{(0)}+U_{2,1}^{(1)}+U_{3,0}^{(1)}]$$

$$=\frac{1}{4}(0+0+0.25000+1)=0.3125,$$

$$U_{4,1}^{(1)}=\frac{1}{4}[U_{5,1}^{(0)}+U_{4,2}^{(0)}+U_{3,1}^{(1)}+U_{4,0}^{(1)}]=0.3281,$$

$$U_{5,1}^{(1)}=\frac{1}{4}[U_{6,1}^{(0)}+U_{5,2}^{(0)}+U_{4,1}^{(1)}+U_{5,0}^{(1)}]=0.3320,$$

$$U_{6,1}^{(1)}=\frac{1}{4}[U_{7,1}^{(0)}+U_{6,2}^{(0)}+U_{5,1}^{(1)}+U_{6,0}^{(1)}]=0.3330,$$

$$U_{7,1}^{(1)}=0.3333,$$

$$U_{8,1}^{(1)}=0.3333,$$

$$U_{9,1}^{(1)}=0.0833.$$

（2）$U_{i,2}^{(1)}$ 值：

$$U_{1,2}^{(1)}=\frac{1}{4}[U_{2,2}^{(0)}+U_{1,3}^{(0)}+U_{0,2}^{(1)}+U_{1,1}^{(1)}]$$

$$=\frac{1}{4}[0+0+(-1)+0]=-0.2500,$$

$$U_{2,2}^{(1)}=\frac{1}{4}[U_{3,2}^{(0)}+U_{2,3}^{(0)}+U_{1,2}^{(1)}+U_{2,1}^{(1)}]$$

$$=\frac{1}{4}[0+0+(-0.25000)+(0.25000)]=0.0000,$$

$$U_{3,2}^{(1)}=\frac{1}{4}[U_{4,2}^{(0)}+U_{3,3}^{(0)}+U_{2,2}^{(1)}+U_{3,1}^{(1)}]$$

$$= \frac{1}{4}(0 + 0 + 0 + 0.3125) = 0.0781,$$

$$U_{4,2}^{(1)} = \frac{1}{4}[U_{5,2}^{(0)} + U_{4,3}^{(0)} + U_{3,2}^{(1)} + U_{4,1}^{(1)}] = 0.1016,$$

$$U_{5,2}^{(1)} = \frac{1}{4}[U_{6,2}^{(0)} + U_{5,3}^{(0)} + U_{4,2}^{(1)} + U_{5,1}^{(1)}] = 0.1084,$$

$$U_{6,2}^{(1)} = 0.1104,$$

$$U_{7,2}^{(1)} = 0.1109,$$

$$U_{8,2}^{(1)} = 0.1111,$$

$$U_{9,2}^{(1)} = -0.2014.$$

其他各结点可类似计算.

2. 用差分方法计算热传导方程混合问题

$$\begin{cases} \dfrac{\partial u}{\partial t} = \dfrac{\partial^2 u}{\partial x^2}, \\ u\big|_{x=0} = u\big|_{x=1} = 0, \quad 0 < t \leqslant 1, \\ u\big|_{t=0} = x(1-x) \end{cases}$$

的近似解(取 $\Delta x = 0.2, \Delta t = 0.02$).

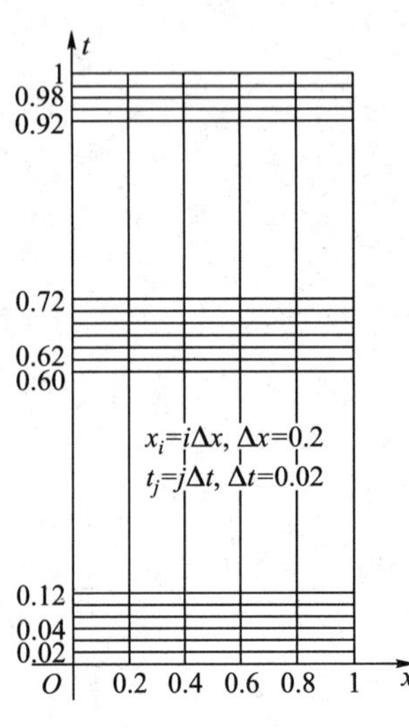

图 2.11

由条件知 $0 \leqslant x \leqslant 1, 0 \leqslant t \leqslant 1$. 对热传导方程，两个自变量 x, t 步长的取法必须满足 $\omega = a^2 \dfrac{\Delta t}{(\Delta x)^2} \leqslant \dfrac{1}{2}$ 才能使差分方程是稳定的. 现在取 $\Delta t = 0.02, \Delta x = 0.2$, 有

$$\omega = 1 \cdot \frac{0.02}{(0.2)^2} = \frac{1}{2},$$

差分方程稳定. 作网格如图 2.11, 其中

$$x_i = i\Delta x \ (i = 0, 1, 2, 3, 4, 5),$$

$$t_j = j\Delta t \ (j = 0, 1, 2, 3, \cdots, 50).$$

在所给区域内点 (x_i, t_j) 处解 u 的近似值记

为 $U_{i,j}$.由热传导方程的差分公式有

$$U_{i,j}=\omega(U_{i-1,j-1}+U_{i+1,j-1})+(1-2\omega)U_{i,j-1},$$

将 ω 值代入得

$$U_{i,j}=\frac{1}{2}(U_{i-1,j-1}+U_{i+1,j-1})\quad(i=1,2,3,4;j=1,2,\cdots,49).$$

由边界条件得

$$U_{0,j}=U_{5,j}=0\quad(j=0,1,2,\cdots,50),$$

由初值条件得

$$U_{i,0}=x_i(1-x_i)\big|_{x_i=0.2i}=\frac{i}{5}\left(1-\frac{i}{5}\right)\quad(i=0,1,2,\cdots,5).$$

于是

$$U_{0,0}=0,U_{1,0}=0.16,U_{2,0}=0.24,$$

$$U_{3,0}=0.24,U_{4,0}=0.16,U_{5,0}=0,$$

$$U_{1,1}=\frac{1}{2}(U_{0,0}+U_{2,0})=\frac{1}{2}(0+0.24)=0.120\,0,$$

$$U_{2,1}=\frac{1}{2}(U_{1,0}+U_{3,0})=0.200\,0,$$

$$U_{3,1}=\frac{1}{2}(U_{2,0}+U_{4,0})=0.200\,0,$$

$$U_{4,1}=\frac{1}{2}(U_{3,0}+U_{5,0})=0.120\,0,$$

$$U_{1,2}=\frac{1}{2}(U_{0,1}+U_{2,1})=0.100\,0,$$

$$U_{2,2}=\frac{1}{2}(U_{1,1}+U_{3,1})=0.160\,0,$$

$$U_{3,2}=\frac{1}{2}(U_{2,1}+U_{4,1})=0.160\,0,$$

$$U_{4,2}=\frac{1}{2}(U_{3,1}+U_{5,1})=0.100\,0.$$

其他结点可类似计算.

3. 列出波动方程混合问题

$$\begin{cases}\dfrac{\partial^2 u}{\partial t^2}=\dfrac{\partial^2 u}{\partial x^2}, \quad 0<x<1,\ t>0,\\ u\big|_{x=0}=u\big|_{x=1}=0,\\ u\big|_{t=0}=x(1-x),\\ \dfrac{\partial u}{\partial t}\Big|_{t=0}=0\end{cases}$$

的差分格式.

作差分网格如图 2.12,其中

$$x_i=i\Delta x\ (i=0,1,\cdots,N;N\cdot\Delta x=1),$$
$$t_j=j\Delta t\ (j=0,1,2,\cdots).$$

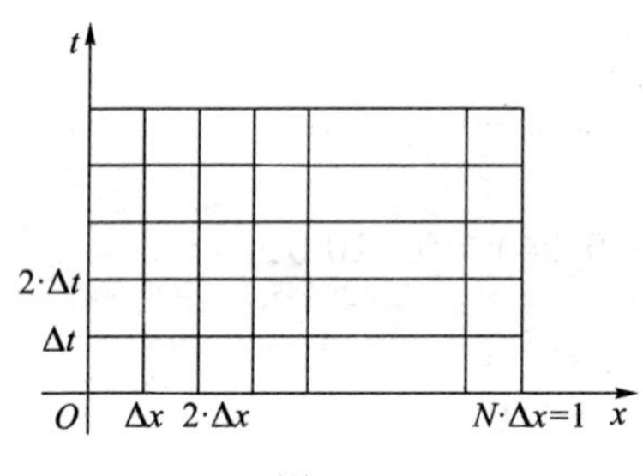

图 2.12

在所给区域内点(x_i,y_j)解的近似值记为$U_{i,j}(i=1,2,\cdots,N-1;j=1,2,\cdots)$.

由原方程知 $a=1,0\leqslant x\leqslant 1,t\geqslant 0$.$x$ 变量取步长 Δx,t 变量取步长 Δt,且要求满足 $\omega=a\dfrac{\Delta t}{\Delta x}=\dfrac{\Delta t}{\Delta x}\leqslant 1$,以保证差分格式稳定,则由一维波动方程的差分公式有

$$U_{i,j+1}=\omega^2(U_{i-1,j}+U_{i+1,j})+2(1-\omega^2)U_{i,j}-U_{i,j-1}.$$

由边界条件得

$$U_{0,j}=U_{N,j}=0\quad(j=0,1,\cdots).$$

由初值条件得

$$U_{i,0}=x_i(1-x_i)\big|_{x_i=i\Delta x}=i\Delta x(1-i\Delta x)\quad(i=0,1,\cdots,N),$$

$$U_{i,1}-U_{i,0}=0\text{ 即 }U_{i,1}=i\Delta x(1-i\Delta x)\quad(i=0,1,\cdots,N).$$

于是得原定解问题的差分格式为

$$\begin{cases}U_{i,j+1}=\omega^2(U_{i-1,j}+U_{i+1,j})+2(1-\omega^2)U_{i,j}-U_{i,j-1},\\ U_{0,j}=U_{N,j}=0\quad(j=0,1,2,\cdots),\\ U_{i,0}=U_{i,1}=i\Delta x(1-i\Delta x)\quad(i=0,1,\cdots,N).\end{cases}$$

4. 用里茨-伽辽金方法求

$$\begin{cases}-\Delta u=1, & 0<x<a, 0<y<b, \\ u(0,y)=u(x,0)=u(a,y)=u(x,b)=0\end{cases}$$

的近似解.

在精度要求不高的情况下,我们只要取一个满足边界条件的函数作为标准正交基中的一个元素,例如取

$$\varphi_1(x,y)=xy(x-a)(y-b),$$

并令近似解为

$$u_1(x,y)=Axy(x-a)(y-b).$$

与这个定解问题相对应的变分问题是

$$J(u)=\min_{v\in H_0^1(\Omega)} J(v),$$

其中 $\Omega=\{(x,y)\mid 0<x<a, 0<y<b\}$ 且

$$J(v)=\frac{1}{2}\int_0^a\int_0^b(|\nabla v|^2-2v)\mathrm{d}x\mathrm{d}y.$$

将 u_1 代入 $J(v)$ 得

$$\begin{aligned}J(u_1)&=\frac{1}{2}\int_0^a\int_0^b\{A^2[y^2(y-b)^2(2x-a)^2+x^2(x-a)^2\cdot\\&\quad(2y-b)^2]-2Axy(x-a)(y-b)\}\mathrm{d}x\mathrm{d}y\\&=\frac{1}{2}\left[\frac{a^3b^3(a^2+b^2)}{90}A^2-\frac{a^3b^3}{18}A\right].\end{aligned}$$

上式右端是变量 A 的一元函数,求 A 使 $J(u_1)$ 达到最小值.将 A 代回 u_1 即得所求的近似解.

5. 用里茨-伽辽金方法求

$$\begin{cases}-\Delta u=1, & (x,y)\in\Omega, \\ u|_{\partial\Omega}=0\end{cases}$$

的近似解,其中 Ω 为区域: $x^2+y^2<R^2$.

和上一题类似,设近似解为

$$u_1(x,y)=A(R^2-x^2-y^2),$$

将 u_1 代入泛函数

$$J(v)=\frac{1}{2}\iint_{\Omega}(\mid \nabla v\mid^{2}-2v)\mathrm{d}x\mathrm{d}y,$$

得

$$J(u_1)=\frac{1}{2}\iint_{\Omega}[4A^2(x^2+y^2)-2A(R^2-x^2-y^2)]\mathrm{d}x\mathrm{d}y.$$

利用极坐标把右端积分算出来，它是变量 A 的函数，再选 A 使 $J(u_1)$ 达到最小值.

6. 用里茨-伽辽金方法求

$$\frac{\partial^2 u}{\partial x^2}+\frac{\partial^2 u}{\partial y^2}+2=0,\quad -1<x<1,-2<y<2$$

在条件

$$u(x,-2)=u(x,2)=u(-1,y)=u(1,y)=0$$

下的近似解.

现在的求解区域是矩形 $\Omega=\{(x,y)\mid -1<x<1,-2<y<2\}$，函数 $(1-x^2)(4-y^2)$ 及 $\sin \pi x\sin \frac{\pi}{2}y$ 在 Ω 的边界上都恒等于零，所以近似解既可以表示为

$$u_1(x,y)=A(1-x^2)(4-y^2),$$

也可以表示为

$$u_1(x,y)=A\sin \pi x\sin \frac{\pi}{2}y.$$

然后将 u_1 代入泛函

$$J(v)=\frac{1}{2}\iint_{\Omega}(\mid \nabla v\mid^{2}-4v)\mathrm{d}x\mathrm{d}y,$$

与前两题类似可求出 A.如果选 u_1 为 $A(1-x^2)(4-y^2)$ 就得到教材中的答案，若选 $u_1=A\sin \pi x\sin \frac{\pi}{2}y$ 就得到另一个答案.这两个答案形式上相差很大，一个是 x,y 的多项式，另一个则是 x,y 的三角函数，但它们都可作为原问题的近似解.

7. 在例 2 中取 $b=a,N=3$ 求原问题的近似解.

原问题为：用里茨-伽辽金方法求

$$\begin{cases}\Delta u=-2, & (x,y)\in\Omega,\\ u\mid_{\partial\Omega}=0\end{cases}$$

的近似解,其中 Ω 为矩形区域: $-a<x<a, -b<y<b$.

现在的情况是 $a=b$,并且要求取三项和作为近似解.取三个满足边界条件的线性无关的函数

$$\varphi_0(x,y)=(a^2-x^2)(a^2-y^2),\quad \varphi_1(x,y)=\varphi_0(x,y)x^2,$$
$$\varphi_2(x,y)=\varphi_0(x,y)y^2.$$

所以可令近似解为

$$u_3(x,y)=A_1(a^2-x^2)(a^2-y^2)+A_2(a^2-x^2)(a^2-y^2)x^2+$$
$$A_3(a^2-x^2)(a^2-y^2)y^2.$$

由于无论从方程还是区域形状来看,x 与 y 的地位都是相同的,故不妨取 $A_2=A_3$,这样一来,近似解 u_3 可表示为

$$u_3(x,y)=A_1(a^2-x^2)(a^2-y^2)+A_2[(a^2-x^2)(a^2-y^2)(x^2+y^2)].$$

再把 u_3 代入泛函

$$J(v)=\frac{1}{2}\iint_{\Omega}(|\nabla v|^2-4v)\,\mathrm{d}x\mathrm{d}y,$$

算出 $J(u_3)$,选 A_1,A_2 使 $J(u_3)$ 达到最小值即可求出 u_3.

下面把主要计算过程写出来:

$$J(u_3)=128a^6\left(\frac{132a^6}{3\cdot3\cdot5\cdot5\cdot7\cdot9}A_2^2+\frac{24a^4}{3\cdot3\cdot5\cdot5\cdot7}A_1A_2+\right.$$
$$\left.\frac{a^2}{3\cdot3\cdot5}A_1^2-\frac{1}{3\cdot3\cdot4}A_1-\frac{a^2}{2\cdot3\cdot3\cdot5}A_2\right)$$
$$\xlongequal{\text{def}}f(A_1,A_2).$$

要选 A_1,A_2 使 $J(u_3)$ 达到最小值,就是要求出使二元函数 $f(A_1,A_2)$ 达到最小值的点 (A_1,A_2).为此,要解下列方程组

$$\begin{cases}\dfrac{\partial f(A_1,A_2)}{\partial A_1}=128a^6\left(\dfrac{2a^2}{3\cdot3\cdot5}A_1+\dfrac{24a^4}{3\cdot3\cdot5\cdot5\cdot7}A_2-\dfrac{1}{3\cdot3\cdot4}\right)=0,\\ \dfrac{\partial f(A_1,A_2)}{\partial A_2}=128a^6\left(\dfrac{24a^4}{3\cdot3\cdot5\cdot5\cdot7}A_1+\dfrac{264a^6}{3\cdot3\cdot5\cdot5\cdot7\cdot9}A_2-\dfrac{a^2}{2\cdot3\cdot3\cdot5}\right)=0.\end{cases}$$

由这个方程组解出 A_1,A_2 代入 $u_3(x,y)$ 即得答案.

§2.8　非线性偏微分方程

2.8.1　内容的评述

大自然中的现象是错综复杂的,因此研究这些现象的科学与技术也是很复杂的,这种复杂性表现之一就是描述这些现象的数量关系是多因素之间的非线性关系.但在研究这些数量关系时,人们为了使问题简化常常略去一些次要因素,使它变成线性关系.然而在许多情况下,这种"线性化"的做法是不可行的,必须研究非线性问题,偏微分方程也是如此.以前人们对非线性偏微分方程研究比较少,主要有两方面的原因,一方面是研究工具不够,即必要的数学理论还没有系统地建立,另一方面是计算技术跟不上.随着先进计算方法和计算工具的飞速发展,非线性科学又成了科学家们研究的热点课题.为了让理工科学生对非线性偏微分方程有初步的了解,教材的第八章讲了非线性偏微分方程的基本知识,重点是讲两种重要的非线性方程,一种是守恒律方程,另一种是 KdV 方程,它们的解形成了两类非线性波,即**激波**与**孤立波**.

(1) 非线性方程的分类

非线性偏微分方程可以分为两大类,一类是**拟线性**方程,所谓拟线性是指对方程中的最高阶导数而言是线性的.而最高阶导数前的系数又有两种情况,一种情况是这些系数只是自变量的函数,而与未知函数及其低阶导数无关;另一种情况是最高阶导数前的系数不仅可能依赖于自变量,而且一定依赖于未知函数及其低阶导数(不一定要求所有低阶导数)或者依赖于它们中之一.对前一种情况通常称为**半线性**方程,这类方程的非线性只出现在未知函数及(或)其低阶导数项上.以两个自变量的二阶偏微分方程为例,半线性方程的一般形式为

$$A(x,y)u_{xx}+B(x,y)u_{xy}+C(x,y)u_{yy}+F(x,y,u,u_x,u_y)=0,$$

其中 A,B,C,F 均是其变元的已知函数,而且 F 关于变元 u,u_x,u_y 是非线性的.拟线性方程的一般形式为

$$A(x,y,u,u_x,u_y)u_{xx}+B(x,y,u,u_x,u_y)u_{xy}+$$

$$C(x,y,u,u_x,u_y)u_{yy}+F(x,y,u,u_x,u_y)=0,$$

其中 A,B,C,F 是其变元的已知函数.

除了拟线性方程以外,另一类非线性偏微分方程称为是**完全非线性**的,这种方程对未知函数的最高阶导数是非线性的,极端的情况是对未知函数及其各阶导数都是非线性的.仍以两个自变量的二阶方程为例,完全非线性方程的一般形式为

$$F(x,y,u,u_x,u_y,u_{xx},u_{xy},u_{yy})=0,$$

其中 F 是其变元(至少对 u_{xx},u_{xy},u_{yy})的非线性函数.

(2) 激波

在教材中,我们只是从物理的角度阐述了激波的概念,这样做可使读者容易理解.如果要从数学上说明什么是激波,首先要研究守恒律方程

$$u_t+(f(u))_x=0.$$

它有什么特点呢? 就是其左端为一个散度的形式,其中 $f(u)$ 是 u 的非线性函数.这个方程的初值问题

$$\begin{cases} u_t+(f(u))_x=0, & -\infty<x<+\infty,t>0, \\ u\big|_{t=0}=\varphi(x), & -\infty<x<+\infty \end{cases}$$

不一定存在整体的古典解,例如,只要在某点 $\varphi'(x)<0$,则古典解就不可能对所有 t 都存在.因此,就有必要推广解的概念.如何推广在教材里没有讲,现在我们作一个补充.如果对于任何 $\psi(x,t)\in\{\psi\in C^1(\mathbf{R}_+^2)\mid$当$|x|$及 t 充分大时 $\psi\equiv 0\}$ 均有

$$\int_0^{\infty}\int_{-\infty}^{+\infty}(u\psi_t+f(u)\psi_x)\,\mathrm{d}x\mathrm{d}t+\int_{-\infty}^{+\infty}\varphi(x)\psi(x,0)\,\mathrm{d}x=0,$$

则称 u 为上述初值问题的**弱解**(或**广义解**),其中 $\boldsymbol{R}_+^2=\{(x,t)\mid-\infty<x<+\infty,t\geqslant 0\}$.从这个定义可以看出,作为初值问题的弱解只要求它满足一个积分恒等式,在这个恒等式中不出现 u 的一阶导数,也就是说不要求 u 是一次连续可微的.由于对 u 的光滑性要求弱了,所以才叫弱解.这个积分恒等式怎么来的呢? 它是用 ψ 乘原方程两端后再分部积分得来的,所以古典解必定是弱解.需要提醒读者的是,这样定义弱解的方式是有一般性的.

弱解可能具有间断性,设解 u 是分片光滑的,光滑曲线 $\Gamma: x=x(t)$ 是其间断线,则沿 Γ 可得

$$s[u]=[f(u)],$$

其中 $[u]$ 与 $[f(u)]$ 分别是 u 与 $f(u)$ 沿 Γ 的阶跃,即

$$[u]=u_l-u_r\quad(u_l=u(x(t)-0,t),u_r=u(x(t)+0,t)),$$

$$[f(u)]=f(u_l)-f(u_r),$$

$s=\dfrac{\mathrm{d}x}{\mathrm{d}t}$是 Γ 的斜率.满足上述关系式及熵不等式 $f'(u_l)>s>f'(u_r)$ 的间断线就称为**激波**.

守恒律方程的解是一种非线性波,给定初值条件(即使很光滑),在传播过程中波形要发生畸变,就会产生激波.

(3) 孤立波

与激波完全不同的另一种非线性波是孤立波,孤立波有时也称孤立子,它是由 KdV 方程

$$u_t+uu_x+Ku_{xxx}=0$$

产生的,即孤立波是上述 KdV 方程的行波解,这个解可表示为

$$u=u_\infty+a\operatorname{sech}^2\left\{\sqrt{\frac{a}{12K}}\left[x-\left(u_\infty+\frac{a}{3}\right)t\right]\right\},$$

其中 u_∞,a 均是常数.这种波的特点是在传播过程中波形不变,其值(即波的振幅)基本集中在 $x-\dfrac{2\gamma+\alpha}{3}t=0$ 的周围(γ,α 的定义参见教材).

除了 KdV 方程以外,还有许多方程也有孤立波.在有些书中把 KdV 方程写成

$$u_t+6uu_x+u_{xxx}=0.$$

其实这个形式的方程只要经过一个自变量的变换$\left(x\to\dfrac{x}{6}\right)$就可以化成教材中所讲的形式.

2.8.2　习题的启示与解答

1. 指出下列方程哪些是线性的,哪些是非线性的,若是非线性方程说明是什么类型的非线性.

(1) $u_t-\Delta u=f(u)$;

(2) $t\dfrac{\partial^2 u}{\partial x\partial t}+2\dfrac{\partial u}{\partial x}=2xt$;

(3) $u_t-\Delta u^m=f(x_1,x_2,\cdots,x_n,u,t)$ $(m>1)$;

(4) $\sin^2 x\dfrac{\partial^2 u}{\partial x^2}-2y\sin x\dfrac{\partial^2 u}{\partial x\partial y}+y^2\dfrac{\partial^2 u}{\partial y^2}=0$;

(5) $u_t+6uu_x+u_{xxx}=0$;

(6) $\left(\dfrac{\partial u}{\partial x}\right)^2+\left(\dfrac{\partial u}{\partial y}\right)^2+\left(\dfrac{\partial u}{\partial z}\right)^2=u$;

(7) $u_t-(a(u))_{xx}=u_x^2$,其中 $a(s)$ 是 s 的二次连续可微的函数;

(8) $F(x_1,x_2,\cdots,x_n,u,u_{x_i},u_{x_ix_j})=0,i,j=1,2,\cdots,n.$

要分清方程是哪种类型,应注意以下几点:

(i) 分清未知函数和自变量;

(ii) 看清方程是几阶的;

(iii) 检查最高阶导数项的情况,确定方程中出现的最高阶导数是线性还是非线性的;

(iv) 如果最高阶导数是线性的,再看它们的系数及低阶导数项的情况.

2. 求极小曲面方程(8.8)具有如下形式的特解:

(1) $u=f\left(\dfrac{y}{x}\right)$;

(2) $u=f(\sqrt{x^2+y^2})$.

对于(1)只要令 $t=\dfrac{y}{x}$,则要求的解为 $u=f(t)$,利用复合函数求导数的方法可将极小曲面方程化成

$$(1+t^2)f''(t)+2tf'(t)=0.$$

这是 $f(t)$ 的二阶线性常微分方程,很容易求出它的通解,再将积分时所得的任意常数取适当值即可得到答案.

对于(2)也可用类似的做法,令 $t=\sqrt{x^2+y^2}$,将 $u=f(t)$ 代入极小曲面方程并简化得

$$tf''+f'+f'^3=0.$$

再令 $g=f'$,得

$$tg'+g+g^3=0.$$

这是一个一阶非线性常微分方程,再作代换

$$g=\frac{1}{\sqrt{h}},$$

就可得到关于 h 的一阶线性常微分方程,求出它的一个特解即可得到 $f'(t)$,再积分一次.读者按照这个程序可将结果求出,要注意的是,这里的 f 是其变元的任意函数,所以在积分时所得的任意常数可以根据需要选取适当的值.

3. 验证(8.6),(8.7)的解必是变分问题(8.3)的解.

(8.6),(8.7)为

$$\begin{cases}\dfrac{\partial}{\partial x}\left[\dfrac{u_x}{\sqrt{1+u_x^2+u_y^2}}\right]+\dfrac{\partial}{\partial y}\left[\dfrac{u_y}{\sqrt{1+u_x^2+u_y^2}}\right]=0,\\ u\big|_{\partial\Omega}=\varphi.\end{cases}$$

而变分问题(8.3)为

$$J(u)=\min_{v\in M_\varphi}J(v),$$

其中 $M_\varphi=\{u\in C^1(\overline{\Omega})\mid u\mid_{\partial\Omega}=\varphi\}$,且

$$J(v)=\iint_\Omega\sqrt{1+v_x^2+v_y^2}\,\mathrm{d}x\mathrm{d}y.$$

令

$$j(\varepsilon)=J(u+\varepsilon v),$$

其中 u 是(8.6),(8.7)的解,要证明这个 u 就是变分问题(8.3)的解,只要证 $j(\varepsilon)$ 在 $\varepsilon=0$ 时达到最小值.为此,应验证 $j''(0)>0$.具体过程请读者自行完成.

第三章 复习题[①]

为了便于读者进一步掌握“数学物理方程与特殊函数”这一课程的内容，我们挑选了一些复习题，并给出了简要的提示及参考答案，供读者学习时参考.

1. 设有一根均匀且柔软的弦做微小的横向振动，在振动过程中受到与弦的速度成正比的空气阻力，试导出振动方程.

提示： 阻力的方向与弦的振动方向相反，其大小与速度成正比，即阻力的密度与$\frac{\partial u}{\partial t}$成正比，再利用教材 § 1.1 中的方法.

参考答案：

$$\frac{\partial^2 u}{\partial t^2}+b\frac{\partial u}{\partial t}=a^2\frac{\partial^2 u}{\partial x^2},$$

其中 b 是正的常数.

2. 试证圆锥对称轴的纵振动方程为

$$\frac{\partial}{\partial x}\left[\left(1-\frac{x}{h}\right)^2\frac{\partial u}{\partial x}\right]=\frac{1}{a^2}\left(1-\frac{x}{h}\right)^2\frac{\partial^2 u}{\partial t^2},$$

其中 h 是圆锥的高.

提示： 本题与教材习题一中第 3 题不同的是，轴的截面面积是变化的，如图 3.1 所示.运用**胡克定律**，轴在 x 点处因形变而产生的弹性应力为

$$\text{弹性模量}\times\text{相对形变}=E\frac{u(x+\Delta x,t)-u(x,t)}{\Delta x}\approx E\frac{\partial u}{\partial x},$$

其中 E 为弹性模量.$S(x)$表示轴在 x 处的截面面积，则 x 处整个截面上所受的力为 $E\frac{\partial u}{\partial x}S(x)$.由此可得位于$[x,x+\Delta x]$这一段轴所受的力为

$$E\frac{\partial u}{\partial x}S(x)\bigg|_{x+\Delta x}-E\frac{\partial u}{\partial x}S(x)\bigg|_{x}$$

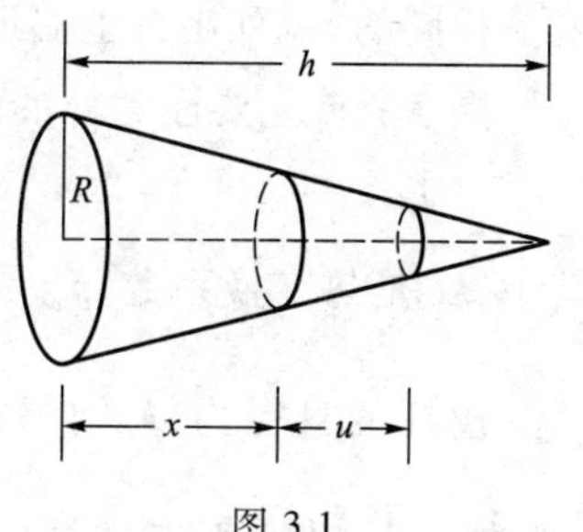

图 3.1

① 含提示与参考答案.

$$\approx E\Delta x\frac{\partial}{\partial x}\left[S(x)\frac{\partial u}{\partial x}\right].$$

现在的问题是要求出 $S(x)$，利用相似三角形边的比例关系可得$S(x)$的半径为 $R\left(1-\frac{x}{h}\right)$，其中 R 为圆锥底的半径.故 $S(x)=\pi R^2\left(1-\frac{x}{h}\right)^2$.$S(x)$求出来后，再对上述的小段圆台应用牛顿第二定律.

3. 设某溶质在溶液中扩散，它在溶液中各点的浓度用 $u(x,y,z,t)$ 表示，由**能斯特(Nernst)定律**知，溶质在时间 $\mathrm{d}t$ 内通过曲面 $\mathrm{d}S$ 的质量 $\mathrm{d}M$ 和$\frac{\partial u}{\partial n}$成正比，即

$$\mathrm{d}M=-D\frac{\partial u}{\partial n}\mathrm{d}S\mathrm{d}t,$$

其中 D 为扩散系数，求 u 满足的方程.

提示：本题采用教材 § 1.1 中例 4 的推导方程，只要把傅里叶实验定律用这里的能斯特定律代替就可以了，并要注意浓度的含义.

参考答案：

$$\frac{\partial u}{\partial t}=\frac{\partial}{\partial x}\left(D\frac{\partial u}{\partial x}\right)+\frac{\partial}{\partial y}\left(D\frac{\partial u}{\partial y}\right)+\frac{\partial}{\partial z}\left(D\frac{\partial u}{\partial z}\right).$$

若 D 为常数，方程简化为

$$\frac{\partial u}{\partial t}=D\Delta u.$$

4. 长为 l 的均匀细杆，初始温度为 0℃，$x=0$ 端保持常温 u_0，在 $x=l$ 端及杆的侧面和周围介质产生热交换.设介质的温度为 0℃，杆的同一个截面上的温度是相同的，试列出杆上温度$u(x,t)$所满足的定解问题.

提示：首先要注意杆的侧面与介质产生热交换，它服从牛顿定律

$$\mathrm{d}Q=k_1(u-u_1)\mathrm{d}S\mathrm{d}t,$$

其中，k_1 是热交换系数，u_1 是介质温度.

设杆的直径为 d，则每一个截面积为 $\pi\left(\frac{d}{2}\right)^2$，每一个截面处的周长为 πd.在$[x,x+\Delta x]$上考虑杆的热量守恒.由牛顿实验定律，在 $\mathrm{d}t$ 内通过在 x 处及 $x+\Delta x$ 处的横截面流入这个杆的热量为

$$Q_1 = \pi\left(\frac{d}{2}\right)^2\left(k\frac{\partial u}{\partial x}\bigg|_{x+\Delta x}\mathrm{d}t - k\frac{\partial u}{\partial x}\bigg|_{x}\mathrm{d}t\right).$$

而通过侧面流出的热量为

$$Q_2 = k_1(\pi d\Delta x)u\mathrm{d}t,$$

杆内温度改变所需的热量为

$$Q = c\rho\pi\left(\frac{d}{2}\right)^2\Delta x[u(x,t+\mathrm{d}t) - u(x,t)] = c\rho\pi\left(\frac{d}{2}\right)^2\frac{\partial u}{\partial t}\Delta x\mathrm{d}t.$$

由热量守恒律,得

$$Q = Q_1 - Q_2$$

再将上面几个式子代入,并整理即可得到方程.

参考答案:

$$\begin{cases}\dfrac{\partial u}{\partial t} = a^2\dfrac{\partial^2 u}{\partial x^2} - b^2 u, & 0 < x < l, t > 0,\\ u\big|_{x=0} = u_0, & t \geqslant 0,\\ \left(\dfrac{\partial u}{\partial x} + hu\right)\bigg|_{x=l} = 0, & t \geqslant 0,\\ u\big|_{t=0} = 0, & 0 \leqslant x \leqslant l,\end{cases}$$

其中 $a^2 = \dfrac{k}{c\rho}, b^2 = \dfrac{4k_1}{dc\rho}, h = \dfrac{k}{k_1}$,$k$ 是导热系数,ρ 是杆的密度,c 是比热容.

5. 求方程

$$\frac{\partial^2 u}{\partial x^2} - \frac{\partial^2 u}{\partial x\partial y} - 2\frac{\partial^2 u}{\partial y^2} = 1$$

在条件

$$u\big|_{y=0} = 0,\quad \frac{\partial u}{\partial y}\bigg|_{y=0} = 2x$$

下的解.

提示: 使用行波法,首先求出两组特征线

$$y - x = C_1 \text{ 和 } y + 2x = C_2.$$

再通过特征变换将方程化成可积分的形式.

参考答案:

$$u(x,y)=2xy-\frac{3}{4}y^2.$$

6. 求下列问题的解:

$$\begin{cases}\dfrac{\partial^2 u}{\partial x^2}+2\cos x\dfrac{\partial^2 u}{\partial x\partial y}-\sin^2 x\dfrac{\partial^2 u}{\partial y^2}-\sin x\dfrac{\partial u}{\partial y}=0,\\ u\big|_{y=\sin x}=\varphi(x),\\ u_y\big|_{y=\sin x}=\psi(x).\end{cases}$$

提示: 用行波法.

参考答案:

$$u(x,y)=\frac{1}{2}[\varphi(x-\sin x+y)+\varphi(x+\sin x-y)]+\frac{1}{2}\int_{x+\sin x-y}^{x-\sin x+y}\psi(\xi)\,\mathrm{d}\xi.$$

7. 求下列问题

$$\begin{cases}x^2\dfrac{\partial^2 u}{\partial x^2}-2xy\dfrac{\partial^2 u}{\partial x\partial y}-3y^2\dfrac{\partial^2 u}{\partial y^2}=0,\\ u\big|_{y=1}=\varphi(x),\\ u_y\big|_{y=1}=\psi(x)\end{cases}$$

的解.

提示: 经过特征变换

$$\begin{cases}\xi=xy^{\frac{1}{3}},\\ \eta=\dfrac{x}{y},\end{cases}$$

将方程化成

$$\frac{\partial^2 u}{\partial\xi\partial\eta}=\frac{3}{\xi}\frac{\partial u}{\partial\eta}.$$

为了求这个方程的解,令 $v=\dfrac{\partial u}{\partial\eta}$,先求出 v,再积分一次得到方程的“通解”.

参考答案:

$$u(x,y)=\frac{y^4}{4}\varphi\left(\frac{x}{y}\right)+\frac{3}{4}\varphi(xy^{\frac{1}{3}})+\frac{3}{4}x^3y\int_{xy^{\frac{1}{3}}}^{\frac{x}{y}}\frac{1}{x^4}[\varphi(x)-\psi(x)]\,\mathrm{d}x.$$

8. 求下列三维及二维波动方程初值问题的解：

(1) $\begin{cases} u_{tt}=a^2(u_{xx}+u_{yy}+u_{zz}), & -\infty<x,y,z<+\infty, t>0, \\ u\big|_{t=0}=x^3+y^2z, & -\infty<x,y,z<+\infty, \\ u_t\big|_{t=0}=0, & -\infty<x,y,z<+\infty. \end{cases}$

(2) $\begin{cases} u_{tt}=a^2(u_{xx}+u_{yy}), & -\infty<x,y<+\infty, t>0, \\ u\big|_{t=0}=x^2(x+y), & -\infty<x,y<+\infty, \\ u_t\big|_{t=0}=0, & -\infty<x,y<+\infty. \end{cases}$

提示： 利用三维波动方程及二维波动方程初值问题解的表达式——泊松公式，并分别利用球面坐标系与极坐标系进行计算，参考教材§3.2中的例子.

参考答案：

(1) $u(x,y,z,t)=x^3+y^2z+3a^2xt^2+a^2zt^2$，

(2) $u(x,y,t)=x^2(x+y)+(3x+y)a^2t^2$.

9. 求半无界均匀细杆上的温度分布，已知其端点（$x=0$）保持定常温度 u_0，初始温度为0℃，即求解下列定解问题：

$$\begin{cases} u_t=a^2u_{xx}, & x>0, t>0, \\ u\big|_{x=0}=u_0, & t>0, \\ u\big|_{t=0}=0, & x\geqslant 0. \end{cases}$$

提示： 这是一个半无界问题，对波动方程的半无界问题在习题三第8题中遇到过，这里是一维热传导方程，但仍用拉普拉斯变换来解.到底是对 t 取拉普拉斯变换还是对 x 取拉普拉斯变换，要由方程及定解条件来决定.

参考答案：

$$u(x,t)=\frac{2u_0}{\sqrt{\pi}}\int_{\frac{x}{2a\sqrt{t}}}^{\infty}\mathrm{e}^{-y^2}\mathrm{d}y,$$

或表示成

$$u(x,t)=u_0\operatorname{erfc}\left(\frac{x}{2a\sqrt{t}}\right),$$

其中 erfc (x) 为余误差函数，即

$$\operatorname{erfc}(x)=\frac{2}{\sqrt{\pi}}\int_x^{\infty}\mathrm{e}^{-y^2}\mathrm{d}y.$$

10. 用积分变换法解下列定解问题：

$$\begin{cases} u_t = a^2 u_{xx}, & 0 < x < l, t > 0, \\ u\big|_{t=0} = 0, & 0 \leqslant x \leqslant l, \\ u\big|_{x=l} = u_0,\ u_x\big|_{x=l} = 0,\ t > 0, \end{cases}$$

其中 u_0 为常数.

提示：因为 x 的变化范围是有界的，所以只能对 t 取拉普拉斯变换.在求逆变换时要利用留数定理，参考教材 §3.4 中例 3 或习题三中第 10 题.

参考答案：

$$u(x,t) = u_0 - \frac{4u_0}{\pi}\sum_{n=0}^{\infty}\frac{\sin\frac{2n+1}{2l}\pi x}{2n+1}\mathrm{e}^{-\frac{a^2(2n+1)^2\pi^2 t}{4l^2}}.$$

11. 求解下列定解问题：

$$\begin{cases} u_t = a^2 u_{xx} + Au, & -\infty < x < +\infty, t > 0, \\ u\big|_{t=0} = \delta(x - x_0), & -\infty < x < +\infty, \end{cases}$$

其中 A 为常数，$\delta(x)$是狄拉克(Dirac)函数(简称为 δ 函数).

提示：这是一维热传导方程的初值问题，从自变量的变化范围来看，可以用对 x 的傅里叶变换，也可以用对 t 的拉普拉斯变换，但从定解条件来看，只能用傅里叶变换(请想想为什么?).另外还要注意狄拉克函数的定义，即

$$\int_{-\infty}^{\infty}\delta(x - x_0)f(x)\,\mathrm{d}x = f(x_0).$$

在计算逆变换时，要应用教材第三章习题三中第 4 题的结论.

参考答案：

$$u(x,t) = \frac{1}{2a\sqrt{\pi t}}\mathrm{e}^{At - \frac{(x-x_0)^2}{4a^2 t}}.$$

12. 求解下列初值问题：

$$\begin{cases} u_{tt} = u_{xx}, & -\infty < x < +\infty, t > 0, \\ u\big|_{t=0} = \cos x, & -\infty < x < +\infty, \\ u_t\big|_{t=0} = \sin x, & -\infty < x < +\infty. \end{cases}$$

提示: 同前题一样,从方程与定解条件综合考虑,本题也要用傅里叶变换.在计算逆变换时仍要应用狄拉克函数的定义.

参考答案:

$$u(x,t)=\cos(t-x).$$

13. 求解下列初边值问题:

$$\begin{cases}\dfrac{\partial^2 u}{\partial t^2}=a^2\dfrac{\partial^2 u}{\partial x^2}+b\sinh x, & 0<x<l,t>0,\\ u\big|_{x=0}=u\big|_{x=l}=0, & t>0,\\ u\big|_{t=0}=u_t\big|_{t=0}=0, & 0\leqslant x\leqslant l,\end{cases}$$

其中 b 为常数.

提示: 这个问题的特点是非齐次方程、齐次定解条件,可以用两种方法求解,一种方法是特征函数展开法,另一种是作变量代换将方程化成齐次的,且保留边界条件是齐次的,再用分离变量法.

参考答案:

$$u(x,t)=\frac{b}{a^2}\left(\frac{\sinh l}{l}x-\sinh x\right)+\frac{2bl^2\sinh l}{a^2}\sum_{n=1}^{\infty}\frac{(-1)^n}{n\pi(l^2+n^2\pi^2)}\cos\frac{n\pi a}{l}t\sin\frac{n\pi}{l}x.$$

14. 求解下列定解问题:

$$\begin{cases}u_{tt}=a^2u_{xx}, & -l<x<l,\ t>0,\\ u_x\big|_{x=-l}=u_x\big|_{x=l}=0, & t>0,\\ u\big|_{t=0}=-x,u_t\big|_{t=0}=0, & -l\leqslant x\leqslant l.\end{cases}$$

提示: 用分离变量法,应注意两个问题,一是求解区间不是 $[0,l]$,而是 $[-l,l]$,故在确定级数解中的系数时应将已知函数在 $[-l,l]$ 上展开;二是在确定特征值时要由一个代数方程组有非零解的条件来获得,即由 $X'(-l)=X'(l)=0$ 得

$$C\lambda\sin\lambda l+D\lambda\cos\lambda l=0,$$
$$-C\lambda\sin\lambda l+D\lambda\cos\lambda l=0.$$

由 C,D 不能同时为零,故这代数方程组的系数行列式应该等于零,即

$$\begin{vmatrix}\lambda\sin\lambda l & \lambda\cos\lambda l\\ -\lambda\sin\lambda l & \lambda\cos\lambda l\end{vmatrix}=2\lambda^2\sin\lambda l\cos\lambda l=\lambda^2\sin 2\lambda l=0,$$

由此得特征值

$$\lambda_n = \frac{n\pi}{2l}, \quad n = 0,1,2,\cdots.$$

有了特征值后，再由

$$X_n(x) = C\cos\frac{n\pi}{2l}x + D\sin\frac{n\pi}{2l}x$$

确定特征函数，例如取 $C=\cos\frac{n\pi}{2}, D=-\sin\frac{n\pi}{2}$，则

$$\begin{aligned} X_n(x) &= \cos\frac{n\pi}{2}\cos\frac{n\pi}{2l}x - \sin\frac{n\pi}{2}\sin\frac{n\pi}{2l}x \\ &= \cos\frac{n\pi(x+l)}{2l}, \quad n = 0,1,2,\cdots. \end{aligned}$$

参考答案：

$$u(x,t) = \frac{8l}{\pi^2}\sum_{n=0}^{\infty}\frac{(-1)^{n+1}}{(2n+1)^2}\sin\frac{(2n+1)\pi}{2l}x\cos\frac{(2n+1)a\pi}{2l}t.$$

15. 有一个半径为 R 的均匀球体，其球心在坐标原点，表面的温度永远保持 0℃，初始温度为 $f(r)$，求球内的温度分布.

提示：先写出定解问题，由于求解区域为球域，故使用球坐标，因为球的初始温度及球表面的温度均只与 r 有关，而与 θ,φ 无关，所以解 u 应也与 θ,φ 无关，因此定解问题为

$$\begin{cases} \dfrac{\partial u}{\partial t} = a^2\dfrac{1}{r^2}\dfrac{\partial}{\partial r}\left(r^2\dfrac{\partial u}{\partial r}\right), & 0 \leqslant r < R, t > 0, \\ u\big|_{r=R} = 0, & t > 0, \\ |u|\big|_{r=0} < +\infty, & t > 0, \\ u\big|_{t=0} = f(r), & 0 \leqslant r \leqslant R. \end{cases}$$

方程可以写成

$$\frac{\partial(ru)}{\partial t} = a^2\frac{\partial^2}{\partial r^2}(ru).$$

先令 $v = ru$，再对 v 的定解问题用分离变量法.

参考答案：

$$u(r,t)=\frac{2}{Rr}\sum_{n=1}^{\infty}\left(\int_0^R rf(r)\sin\frac{n\pi}{R}r\mathrm{d}r\right)\cdot \mathrm{e}^{-\left(\frac{n\pi a}{R}\right)^2 t}\sin\frac{n\pi}{R}r.$$

16. 求解下列定解问题：

$$\begin{cases}u_{tt}=a^2u_{xx}, & 0<x<l,t>0,\\ u\big|_{x=0}=0,u_x\big|_{x=l}=A\sin\omega t, & t>0,\\ u\big|_{t=0}=u_t\big|_{t=0}=0, & 0\leqslant x\leqslant l.\end{cases}$$

提示：用分离变量法求解，因为边界条件是非齐次的，所以先要通过未知函数的代换将边界条件化成齐次的.具体做题时，至少有两种选择，一种是只把边界条件化成齐次的，而方程允许有非齐次项，例如令

$$u=v+Ax\sin\omega t.$$

这时 v 的方程含有自由项 $A\omega^2x\sin\omega t$，再用按特征函数展开法确定 v.另一种途径是通过代换将方程与边界条件同时化成齐次的，例如令

$$u=v+\frac{Aa}{\omega}\frac{\sin\frac{\omega}{a}x}{\cos\frac{\omega}{a}l}\sin\omega t,$$

然后再用分离变量求 v.

参考答案：

$$u(x,t)=\frac{Aa}{\omega}\left[\frac{\sin\frac{\omega}{a}x}{\cos\frac{\omega}{a}l}\sin\omega t-\frac{4\omega^2l^2}{\pi a^2}\sum_{n=0}^{\infty}\frac{(-1)^n}{(2n+1)}\cdot\right.$$

$$\left.\frac{\sin\frac{(2n+1)\pi}{2l}x\sin\frac{(2n+1)\pi a}{2l}t}{\left(\frac{(2n+1)\pi}{2}\right)^2-\left(\frac{\omega l}{a}\right)^2}\right].$$

17. 解下列定解问题：

$$\begin{cases}u_{xx}+u_{yy}=0, & 0<x<a,0<y<+\infty,\\ u(0,y)=u(a,y)=0, & 0\leqslant y<+\infty,\\ u(x,0)=1-\frac{x}{a}, & 0\leqslant x\leqslant a,\\ \lim\limits_{y\to+\infty}u(x,y)=0, & 0\leqslant x\leqslant a.\end{cases}$$

提示：虽然 y 的变化范围是 $[0,+\infty)$，但从定解条件来看，不能用拉普拉斯变换来解，仍用分离变量法.

参考答案：

$$u(x,y)=\sum_{n=1}^{\infty}\frac{2}{n\pi}e^{-\frac{n\pi}{a}y}\sin\frac{n\pi}{a}x.$$

18. 有一长为 l 的均匀细杆，侧表面绝缘，一端绝热，另一端永远保持温度为 u_0，初始温度为 $\varphi(x)$，求杆上的温度分布.

提示：这个问题可归结为定解问题

$$\begin{cases}u_t=a^2u_{xx}, & 0<x<l,t>0,\\ u_x\big|_{x=0}=0, & t\geqslant 0,\\ u\big|_{x=l}=u_0, & t\geqslant 0,\\ u\big|_{t=0}=\varphi(x), & 0\leqslant x\leqslant l.\end{cases}$$

有一个边界条件是非齐次的，故先进行未知函数代换，使边界条件化为齐次，同时保持方程为齐次.

参考答案：

$$u(x,t)=u_0+\sum_{n=0}^{\infty}\left(A_n-\frac{(-1)^n 4u_0}{(2n+1)\pi}\right)e^{-\left(\frac{2n+1}{2l}\pi a\right)^2 t}\cos\frac{(2n+1)\pi}{2l}x,$$

其中

$$A_n=\frac{2}{l}\int_0^l\varphi(x)\cos\frac{(2n+1)\pi}{2l}x\mathrm{d}x.$$

19. 证明：

(1) 在极坐标系下二维拉普拉斯方程为

$$\Delta u=\frac{1}{\rho}\frac{\partial}{\partial\rho}\left(\rho\frac{\partial u}{\partial\rho}\right)+\frac{1}{\rho^2}\frac{\partial^2 u}{\partial\theta^2}=0,$$

(2) 在球坐标系下三维拉普拉斯方程为

$$\Delta u=\frac{1}{r^2}\frac{\partial}{\partial r}\left(r^2\frac{\partial u}{\partial r}\right)+\frac{1}{r^2\sin\theta}\frac{\partial}{\partial\theta}\left(\sin\theta\frac{\partial u}{\partial\theta}\right)+\frac{1}{r^2\sin^2\theta}\frac{\partial^2 u}{\partial\varphi^2}=0.$$

提示：利用直角坐标与极坐标、球坐标之间的关系以及复合函数微分法则.

20. 求解：

$$\begin{cases}u_{xx}+u_{yy}=\sqrt{x^2+y^2}, & x^2+y^2<1,\\ u\big|_{x^2+y^2=1}=2.\end{cases}$$

提示：这个方程及边界条件都是非齐次的，但由于边界曲线是个圆周，它的方程是 $x^2+y^2=1$，不是变量分离的形式，故边界条件不易齐次化.现有两种解法，一种是在极坐标系求解，这时方程为

$$\frac{1}{\rho}\frac{\partial}{\partial\rho}\left(\rho\frac{\partial u}{\partial\rho}\right)+\frac{1}{\rho^2}\frac{\partial^2 u}{\partial\theta^2}=\rho,$$

边界条件为

$$u\big|_{\rho=1}=2.$$

由于方程的自由项及边界数据都与 θ 无关，所以解也应不依赖于 θ，从而问题变成

$$\begin{cases}\dfrac{1}{\rho}\dfrac{\partial}{\partial\rho}\left(\rho\dfrac{\partial u}{\partial\rho}\right)=\rho, & \rho<1,\\ u\big|_{\rho=1}=2,\\ |u|\big|_{\rho=0}<+\infty.\end{cases}$$

可以直接经过两次积分求出解.

另一种方法就是先把方程化成齐次的，例如令

$$u=v+\frac{1}{9}(x^2+y^2)^{\frac{3}{2}},$$

这时得

$$\Delta v=0,\quad x^2+y^2<1.$$

然后求解拉普拉斯方程的一个边值问题.

参考答案：

$$u(x,y)=\frac{17}{9}+\frac{1}{9}(x^2+y^2)^{\frac{3}{2}}.$$

21. 在圆环域内求下列诺伊曼(Neumann)问题的解：

$$\begin{cases}\Delta u=0, & 1<\rho<2,\ 0\leqslant\theta\leqslant 2\pi,\\ \dfrac{\partial u}{\partial\rho}\bigg|_{\rho=1}=\sin\theta,\ \dfrac{\partial u}{\partial\rho}\bigg|_{\rho=2}=0, & 0\leqslant\theta\leqslant 2\pi.\end{cases}$$

提示：在极坐标系内使用分离变量法，还应补充自然边界条件

$$u(\rho,\theta+2\pi)=u(\rho,\theta).$$

参考答案：

$$u(\rho,\theta)=-\frac{1}{3}\left(\rho+\frac{4}{\rho}\right)\sin\theta+C,$$

其中 C 为任意常数.应该注意拉普拉斯方程诺伊曼问题的解是不唯一的，可以相差一个常数.

22. 求解下列定解问题：

$$\begin{cases}u_t=a^2\left(u_{\rho\rho}+\dfrac{1}{\rho}u_\rho\right), & 0<\rho<R,t>0,\\ u\big|_{t=0}=0, & 0\leqslant\rho\leqslant R,\\ u\big|_{\rho=R}=u_0, & t>0,\\ |u|\big|_{\rho=0}<+\infty, & t>0.\end{cases}$$

提示：在圆周上的边界条件是非齐次的，为了用分离变量法，先要作未知函数代换将这个边界条件化成齐次的，例如令

$$u=v+u_0.$$

参考答案：

$$u(\rho,t)=u_0\left[1-\sum_{n=1}^{\infty}\frac{2}{\mu_nJ_1(\mu_n)}\mathrm{e}^{-\left(\frac{\mu_na}{R}\right)^2t}J_0\left(\frac{\mu_n}{R}\rho\right)\right],$$

其中 μ_n 是 $J_0(x)$ 的正零点.

23. 一个圆形薄膜，边界固定，膜从静止状态开始做自由径向振动，其阻力与速度成正比，已知初位移为 $\varphi(\rho)$，求位移函数.

提示：问题中已说明膜做自由径向振动，即膜除受到阻力外不受其他外力，另外位移是径向，说明它与方向（即 θ）无关.就是求解下列问题：

$$\begin{cases}\dfrac{\partial^2u}{\partial t^2}+2h\dfrac{\partial u}{\partial t}=a^2\left(\dfrac{\partial^2u}{\partial\rho^2}+\dfrac{1}{\rho}\dfrac{\partial u}{\partial\rho}\right), & 0<\rho<R,t>0,\\ u\big|_{\rho=R}=0, & t>0,\\ |u|\big|_{\rho=0}<+\infty, & t>0,\\ u\big|_{t=0}=\varphi(\rho),u_t\big|_{t=0}=0, & \rho\leqslant R.\end{cases}$$

现在方程中多了一项 $2h\dfrac{\partial u}{\partial t}$($h$ 为一个充分小的正常数),所以分离变量后得到关于 $T(t)$ 的方程变成

$$T''+2hT'+\lambda^2a^2T=0,$$

这是一个常系数的二阶线性常微分方程,它的通解很容易写出来,其中 λ 应以特征值代入,即

$$\lambda_n=\frac{\mu_n}{R},$$

μ_n 是 $J_0(x)$ 的正零点,从而

$$T_n(t)=\mathrm{e}^{-ht}(A_n\cos q_nt+B_n\sin q_nt),$$

其中

$$q_n=\sqrt{\left(\frac{a\mu_n}{R}\right)^2-h^2}.$$

参考答案:

$$u(\rho,t)=\frac{2}{R^2}\sum_{n=1}^{\infty}C_n\mathrm{e}^{-ht}\left(\cos q_nt+\frac{h}{q_n}\sin q_nt\right)\frac{1}{J_1^2(\mu_n)}J_0\left(\frac{\mu_n}{R}\rho\right),$$

其中

$$C_n=\int_0^R r\varphi(r)J_0\left(\frac{\mu_n}{R}r\right)\mathrm{d}r.$$

24. 设有半径为 a 的半球,球面上保持常温 u_0,而半球的底面的温度保持为 0℃,求稳恒状态下半球内部的温度分布.

提示: 求稳恒状态的温度分布,就是要解拉普拉斯方程.因为区域是半球体,自然要用球坐标系(r,θ,φ).而边界上的温度与 φ 无关,所以解只是 r,θ 的函数,因此该问题可归结为解边值问题

$$\begin{cases}\dfrac{1}{r^2}\dfrac{\partial}{\partial r}\left(r^2\dfrac{\partial u}{\partial r}\right)+\dfrac{1}{r^2\sin\theta}\dfrac{\partial}{\partial\theta}\left(\sin\theta\dfrac{\partial u}{\partial\theta}\right)=0, & 0<r<a,0\leqslant\theta\leqslant\dfrac{\pi}{2},\\ u\big|_{r=a}=u_0, & 0\leqslant\theta<\dfrac{\pi}{2},\\ u\big|_{\theta=\frac{\pi}{2}}=0, & r\leqslant 1.\end{cases}$$

经过分离变量后得到两个方程

$$\Theta'' + \cot\theta\Theta' + n(n+1)\Theta = 0,$$

$$r^2R'' + 2rR' - n(n+1)R = 0,$$

要使解有界(含 $r\to 0$ 时),n 只能取整数,这时它们的通解分别为

$$\Theta_n(\theta) = A_nP_n(\cos\theta) + B_nQ_n(\cos\theta),$$

$$R_n(r) = C_nr^n + D_nr^{-(n+1)},$$

并且 $B_n=0, D_n=0$.再由 $u\big|_{\theta=\frac{\pi}{2}}=0$,得 $A_nP_n(0)=0$,但 $A_n\neq 0$,故 $P_n(0)=0$,即 n 只能为奇数,即 $n=2k-1, k=1,2,\cdots$.

这样一来,解为

$$u(r,\theta) = \sum_{k=1}^{\infty} A_{2k-1}r^{2k-1}P_{2k-1}(\cos\theta),$$

最后由条件 $u\big|_{r=a}=u_0$ 来确定系数 A_{2k-1},这时要注意利用递推关系

$$P_n(x) = \frac{1}{2n+1}\left[P'_{n+1}(x) - P'_{n-1}(x)\right]$$

及

$$P_n(1) = 1, P_{2n}(0) = \frac{(-1)^n(2n)!}{2^{2n}(n!)^2}.$$

参考答案:

$$u(r,\theta) = u_0\sum_{k=1}^{\infty}\frac{(-1)^{k-1}(2k-2)!\,(4k-1)}{2^{2k}k!\,(k-1)!}\left(\frac{r}{a}\right)^{2k-1}P_{2k-1}(\cos\theta).$$

25. 求下列定解问题的解:

$$\begin{cases}\dfrac{\partial u}{\partial t} + u\dfrac{\partial u}{\partial x} = a^2\dfrac{\partial^2 u}{\partial x^2}, & 0<x<l,\ t>0,\\ u\big|_{x=0} = u\big|_{x=l} = 0, & t>0,\\ u\big|_{t=0} = f(x), & 0\leqslant x\leqslant l,\end{cases}$$

其中 $f(x)$ 是已知函数.

提示: 这里的方程是非线性(半线性)方程,一般说来,非线性方程的定解问题很难求出解的表达式.但现在这个问题可以通过变换把问题进行转化.事实上,设 $v(x,t)$ 是方程

$$\frac{\partial v}{\partial t}=a^2\frac{\partial^2 v}{\partial x^2}$$

的解,则

$$u(x,t)=-\frac{2a^2}{v}\frac{\partial v}{\partial x}$$

一定是方程

$$\frac{\partial u}{\partial t}+u\frac{\partial u}{\partial x}=a^2\frac{\partial^2 u}{\partial x^2}$$

的解.因此问题在于求出 $v(x,t)$.为此,要把 $v(x,t)$ 的定解条件写出来.将上述 u,v 之间的关系对 x 积分一次得

$$v(x,t)=\mathrm{e}^{-\frac{1}{2a^2}\int_0^x u(x,t)\,\mathrm{d}x},$$

令 $t=0$ 得

$$v\big|_{t=0}=\mathrm{e}^{-\frac{1}{2a^2}\int_0^x u(x,0)\,\mathrm{d}x}=\mathrm{e}^{-\frac{1}{2a^2}\int_0^x f(x)\,\mathrm{d}x}\xlongequal{\text{def}}\varphi(x)$$

(即把左边的已知函数记成 $\varphi(x)$).

另外,还有

$$v_x=\mathrm{e}^{-\frac{1}{2a^2}\int_0^x u(x,t)\,\mathrm{d}x}\left(-\frac{1}{2a^2}u(x,t)\right),$$

故

$$v_x\big|_{x=0}=v_x\big|_{x=l}=0.$$

因此,v 满足下列定解问题:

$$\begin{cases}\dfrac{\partial v}{\partial t}=a^2\dfrac{\partial^2 v}{\partial x^2}, & 0<x<l,\ t>0,\\ v_x\big|_{x=0}=v_x\big|_{x=l}=0, & t>0,\\ v\big|_{t=0}=\varphi(x), & 0\leqslant x\leqslant l.\end{cases}$$

用分离变量法求出 $v(x,t)$,再由 v 得到原定解问题的解 u.

参考答案:

$$u(x,t)=\frac{2a^2\pi}{l}\frac{\sum\limits_{n=1}^{\infty}A_n n\mathrm{e}^{-\left(\frac{n\pi a}{l}\right)^2 t}\sin\frac{n\pi}{l}x}{A_0+\sum\limits_{n=1}^{\infty}A_n\mathrm{e}^{-\left(\frac{n\pi a}{l}\right)^2 t}\cos\frac{n\pi}{l}x},$$

其中

$$A_0=\frac{1}{l}\int_0^l\varphi(x)\mathrm{d}x,\quad A_n=\frac{2}{l}\int_0^l\varphi(x)\cos\frac{n\pi}{l}x\mathrm{d}x.$$

26. 证明定解问题

$$\begin{cases}u_{tt}=(k(x)u_x)_x-qu+f(x,t), & 0<x<l,\ 0<t<T,\\ u\big|_{x=0}=u\big|_{x=l}=0, & 0\leqslant t\leqslant T,\\ u\big|_{t=0}=\varphi(x),u_t\big|_{t=0}=\psi(x), & 0\leqslant x\leqslant l\end{cases}$$

的解是唯一的,其中 $k(x)$,$f(x,t)$,$\varphi(x)$,$\psi(x)$都是适当光滑的函数,$k(x)>0$,$q>0$ 是常数.

提示: 为证明解的唯一性,先建立能量不等式,用 u_t 乘方程两端,并写成散度形式

$$\left(\frac{u_t^2}{2}+\frac{k(x)}{2}u_x^2+\frac{q}{2}u^2\right)_t-(k(x)u_xu_t)_x=u_tf(x,t).$$

然后在矩形区域 $G=\{(x,t)\mid 0\leqslant x\leqslant l,0\leqslant t\leqslant\tau\}$ 上积分,其中$0\leqslant\tau\leqslant T$.

参考答案:

能量不等式为

$$\int_0^l(u_t^2+k(x)u_x^2+qu^2)\big|_{t=\tau}\mathrm{d}x$$

$$\leqslant M\left[\int_0^l(\psi^2+k(x)\varphi_x^2+q\varphi^2)\mathrm{d}x+\int_0^T\int_0^lf(x,t)\mathrm{d}x\mathrm{d}t\right],$$

其中 $M=\mathrm{e}^T$.

设问题有两个解 $u_1(x,t)$及 $u_2(x,t)$,令 $v=u_1-u_2$,则 v 必满足齐次方程和齐次定解条件,对 v 用能量不等式得 $v\equiv 0$.

27. 求下列边值问题的近似解:

$$\begin{cases}u_{xx}+u_{yy}=-xy, & 0<x<1,0<y<1,\\ u\big|_{x=0}=u\big|_{x=1}=0, & 0\leqslant y\leqslant 1,\\ u\big|_{y=0}=u\big|_{y=1}=0, & 0\leqslant x\leqslant 1.\end{cases}$$

提示: 用变分方法,设近似解为

$$u_1(x,y)=Axy(1-x)(1-y).$$

参考答案：

$$u_1(x,y)=-\frac{45}{144}xy(1-x)(1-y).$$

28. 求解下列边值问题：

$$\begin{cases}u_{xx}+u_{yy}=A+B(x^2-y^2), & a^2<x^2+y^2<b^2,\\ u\big|_{x^2+y^2=a^2}=C,\\ u\big|_{x^2+y^2=b^2}=0,\end{cases}$$

其中 A,B,C 均为常数.

提示：这里方程和边值条件都是非齐次的，有两种方法.一是先将定解问题写成极坐标形式

$$\begin{cases}\dfrac{\partial^2 u}{\partial\rho^2}+\dfrac{1}{\rho}\dfrac{\partial u}{\partial\rho}+\dfrac{1}{\rho^2}\dfrac{\partial^2 u}{\partial\theta^2}=A+B\rho^2\cos 2\theta, & a<\rho<b,0\leqslant\theta\leqslant 2\pi,\\ u\big|_{\rho=a}=C, & 0\leqslant\theta\leqslant 2\pi,\\ u\big|_{\rho=b}=0, & 0\leqslant\theta\leqslant 2\pi,\\ u(\rho,\theta+2\pi)=u(\rho,\theta), & a\leqslant\rho\leqslant b.\end{cases}$$

再作代换

$$u=v+\frac{b-\rho}{b-a}C,$$

将边界条件化成齐次的，然后用特征函数展开法求出 v.

另一种方法是先作代换将方程化成齐次的，例如令

$$u(x,y)=\frac{A}{4}(x^2+y^2)+\frac{B}{12}(x^2-y^2)(x^2+y^2)+v(x,y),$$

则得到关于 v 的定解问题：

$$\begin{cases}v_{xx}+v_{yy}=0, & a^2<x^2+y^2<b^2,\\ v\big|_{x^2+y^2=a^2}=C-\dfrac{a^2B}{12}(x^2-y^2)-\dfrac{a^2A}{4},\\ v\big|_{x^2+y^2=b^2}=-\dfrac{b^2B}{12}(x^2-y^2)-\dfrac{b^2A}{4}.\end{cases}$$

再用极坐标系并补充周期性条件.对 v 的定解问题可用分离变量法求解.

参考答案:

$$u(\rho,\theta)=-\frac{A}{4}\frac{a^2\ln\dfrac{b}{\rho}+b^2\ln\dfrac{\rho}{a}}{\ln\dfrac{b}{a}}+C\frac{\ln\dfrac{b}{\rho}}{\ln\dfrac{b}{a}}+\frac{A}{4}\rho^2+$$

$$\frac{B}{12}\left(\rho^4-\frac{a^4+a^2b^2+b^4}{a^2+b^2}\rho^2+\frac{a^4b^4}{a^2+b^2}\rho^{-2}\right)\cos 2\theta.$$

这个答案也可以用变量 x,y 表示出来.

29. 求解下列定解问题:

$$\begin{cases}\dfrac{\partial^2 u}{\partial t^2}=a^2\dfrac{\partial}{\partial x}\left(x\dfrac{\partial u}{\partial x}\right), & 0<x<l,t>0,\\ |u(0,t)|<+\infty,\ u(l,t)=0, & t>0,\\ u(x,0)=\varphi(x),\ u_t(x,0)=0, & 0\leqslant x\leqslant l.\end{cases}$$

提示: 这个问题的特点是方程为变系数,如果把右端的微分求出来,就得到两项: $a^2x\dfrac{\partial^2 u}{\partial x^2}+a^2\dfrac{\partial u}{\partial x}$.虽然如此,这个问题仍然可以用分离变量法求解.令

$$u(x,t)=X(x)T(t),$$

代入方程并进行变量分离可得

$$T''+\lambda^2a^2T=0,$$

$$xX''+X'+\lambda^2X=0.$$

关于 X 的方程不易求解,作自变量代换

$$y=2\lambda\sqrt{x},$$

则得

$$\frac{\mathrm{d}^2X^*}{\mathrm{d}y^2}+\frac{1}{y}\frac{\mathrm{d}X^*}{\mathrm{d}y}+X^*=0,$$

这是零阶贝塞尔方程,它的通解为

$$X^*(y)=C_1J_0(y)+C_2Y_0(y)\qquad\left(X^*(y)=X\left(\frac{y^2}{4\lambda^2}\right)\right),$$

或

$$X(x)=C_1J_0(2\lambda\sqrt{x})+C_2Y_0(2\lambda\sqrt{x}).$$

由 $|u(0,t)|<+\infty$ 得 $C_2=0$.再由 $X(l)=0$ 得

$$J_0(2\lambda\sqrt{l})=0,$$

即

$$2\lambda\sqrt{l}=\mu_n,\quad n=1,2,\cdots,$$

其中 μ_n 是 $J_0(x)$ 的正零点,故特征值为

$$\lambda_n=\frac{\mu_n}{2\sqrt{l}},\quad n=1,2,\cdots.$$

原定解问题的解可表示为

$$u(x,t)=\sum_{n=1}^{\infty}\left(a_n\cos\frac{a\mu_n}{2\sqrt{l}}t+b_n\sin\frac{a\mu_n}{2\sqrt{l}}t\right)J_0\left(\mu_n\sqrt{\frac{x}{l}}\right).$$

最后利用初值条件确定 a_n,b_n.

参考答案:

$$u(x,t)=\sum_{n=1}^{\infty}a_n\cos\frac{a\mu_n}{2\sqrt{l}}tJ_0\left(\mu_n\sqrt{\frac{x}{l}}\right),$$

其中

$$a_n=\frac{1}{lJ_1^2(\mu_n)}\int_0^l f(x)J_0\left(\mu_n\sqrt{\frac{x}{l}}\right)\mathrm{d}x.$$

这里要特别提醒读者的是,函数系 $\left\{J_0\left(\mu_n\sqrt{\frac{x}{l}}\right):n=1,2,\cdots\right\}$ 在 $[0,l]$ 上带权函数"1"正交(读者可自行证明).

30. 求解下列定解问题:

$$\begin{cases}\dfrac{\partial}{\partial r}\left(r^2\dfrac{\partial u}{\partial r}\right)+\dfrac{1}{\sin\theta}\dfrac{\partial}{\partial\theta}\left(\sin\theta\dfrac{\partial u}{\partial\theta}\right)=0, & 0<r<a,0<\theta<\pi,\\ |u|\big|_{r=0}<+\infty, & 0\leqslant\theta\leqslant\pi,\\ \left[\dfrac{\partial u}{\partial r}+h(u-f(\theta))\right]_{r=a}=0, & 0\leqslant\theta\leqslant\pi,\end{cases}$$

其中 $h>0$ 为常数,

$$f(\theta)=\begin{cases}\cos\theta, & 0\leqslant\theta\leqslant\dfrac{\pi}{2},\\[2ex] 0, & \dfrac{\pi}{2}\leqslant\theta\leqslant\pi.\end{cases}$$

提示：这是在球形域内求解拉普拉斯方程，且在 $r=a$ 上的边界条件是第三类的.利用分离变量法及解的有界性可得

$$u(r,\theta)=\sum_{n=0}^{\infty}a_n r^n P_n(\cos\theta),$$

其中 $P_n(x)$ 是勒让德多项式.

由条件

$$\left(\frac{\partial u}{\partial r}+hu\right)\bigg|_{r=a}=hf(\theta),$$

得

$$ha_0+\sum_{n=1}^{\infty}(na^{n-1}+ha^n)a_nP_n(\cos\theta)=hf(\theta),$$

由此求出 $a_n, n=0,1,2,\cdots$.

参考答案：

$$u(r,\theta)=\frac{h}{4}+\frac{h}{2(1+ah)}r\cos\theta+\frac{h}{2}\sum_{n=2}^{\infty}\frac{2n+1}{na^{n-1}+ha^n}\left(\int_0^1 xP_n(x)\,\mathrm{d}x\right)r^nP_n(\cos\theta),$$

其中 $n\geqslant 2$ 时，

$$\begin{aligned}&\int_0^1 xP_n(x)\,\mathrm{d}x\\ &=-\frac{1}{(n-1)(n+2)}P_n(0)\\ &=\begin{cases}0, & n=2k+1,\\ \dfrac{(-1)^{k-1}}{(2k-1)(2k+2)}\cdot\dfrac{(2k)!}{2^{2k}(k!)^2}, & n=2k, k=1,2,\cdots.\end{cases}\end{aligned}$$

在计算这个积分时，或者用递推公式，或者利用勒让德方程得

$$(1-x^2)P''_n-2xP'_n+n(n+1)P_n=0,$$

即

$$P_n(x)=\frac{1}{n(n+1)}[(x^2-1)P'_n(x)]'.$$